나의 코스모스

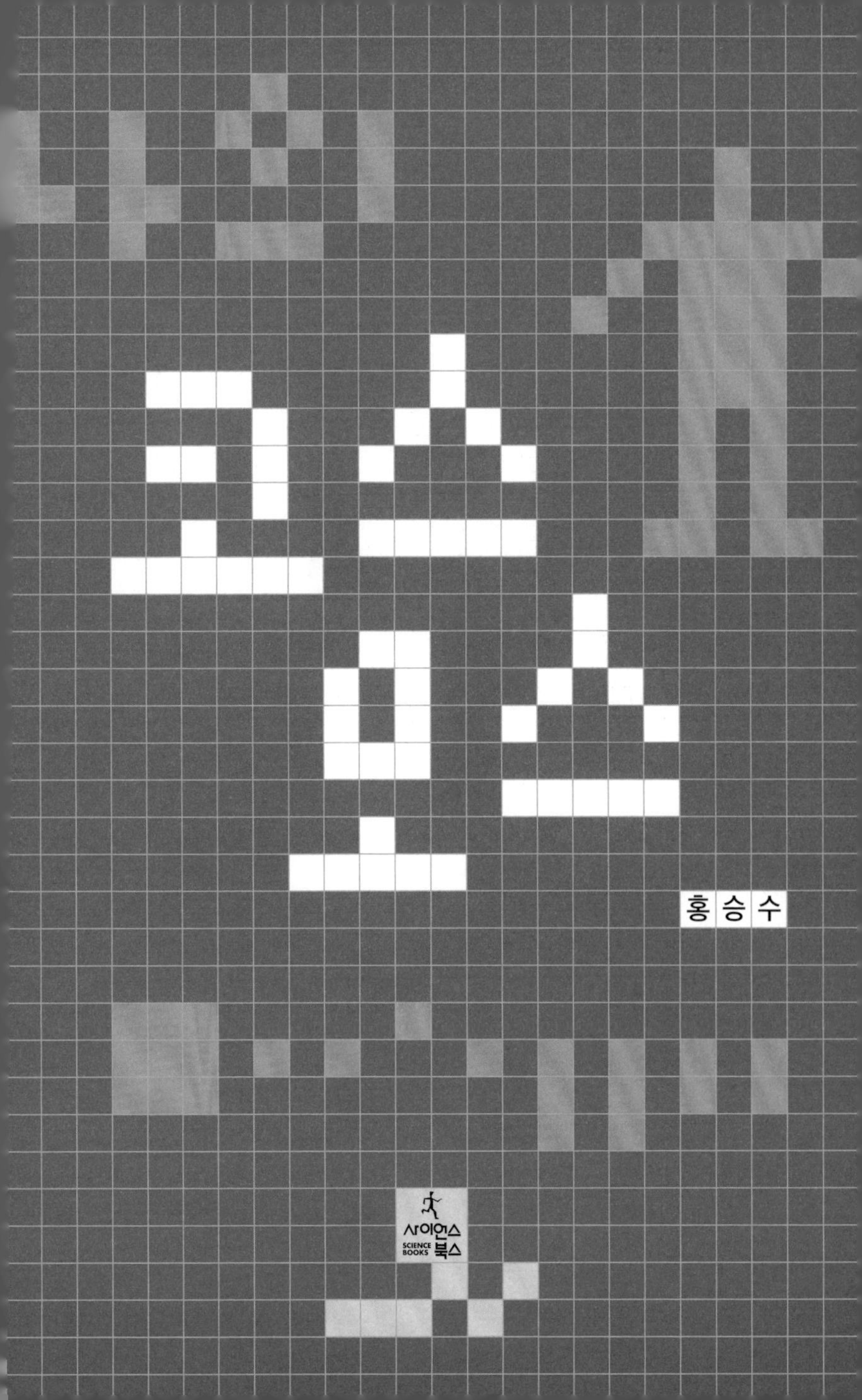
코스
모스
홍승수
사이언스
SCIENCE BOOKS
북스

증거의 부재(不在)가 부재의 증거는 아니다.

— 칼 세이건

머리말

서점 서가에서 『나의 코스모스』를 뽑아 두 손에 들고 계실 이 책의 예비 독자 분께 한 말씀 드립니다. 이런 책은 아마 처음 보실 겁니다. 한마디로 묘한 역사와 특이한 구조에다 깊은 내면성을 지니고 태어난 책입니다.

저자라고 필자의 이름 석 자 '홍승수'가 올라가 있지만, 실질적 집필진은 10년 전 필자의 번역으로 ㈜사이언스북스에서 출간된 『코스모스』에 과분한 애정을 끊임없이 보여 주시는 독자 한 분 한 분이십니다. 시작이 반이라고들 하지 않던가요. 집필의 2분의 1을 『코스모스』의 애독자 여러분이 담당하셨습니다. 어느 날 갑자기 '팟캐스트'에 게스트로 필자를 불러 주신 '과학과사람들'이 『나의 코스모스』 집필의 4분의 1을 책임져 줬습니다. '과학하고 앉아 있네'의 무대에 필자를 올려 세울 음모를 해 오신 소생의 옛 제자 몇 분, 민음사와의 인연을 맺게 해 준 공존의 권기호 사장, 오늘 사이언스북스의 편집진을 이끄는 노의성 주간이 나머지 4분의 1을 채워 넣었습니다.

그래도 『코스모스』가 우리 독자들에게 오기까지의 역사를 정리할 사람은 필요했습니다. 그 일이 필자의 몫으로 남았던 것입니다. 그러므로 칼 세이건 원작 *COSMOS*의 번역본 『코스모스』의 옮긴이 후기가 『나의 코스모스』로 태어났다고 해도 좋겠습니다.

『나의 코스모스』의 핵심 내용을 크게 네 덩어리로 나누어 말씀 드리겠습니다. 필자가 칼 에드워드 세이건(Carl Edward Sagan, 1934~1996년) 원작 *COSMOS*의 번역을 결심하게 된 저간의 사정이 이 책 첫 덩어리에 비교적 소상하게 기록돼 있습니다. 이 자리에 『코스모스』 탄생의 비하인드 스토리를 굳이 말씀 드리는 건, 세대를 거듭하며 보여 주신 독자 여러분의 『코스모스』 사랑에 대한 역자로서의 감사의 정을 전하기 위해서입니다. 숨어 있던 뒷이야기를 들으면 공표된 이야기에 대한 흥미의 정도, 이해의 폭과 깊이가 훨씬 더해집니다. 부모에서 자녀로의 대물림이 훨씬 더 자연스럽게 이뤄질 것을 기대하기 때문입니다.

둘째 덩어리에는 『코스모스』 총 13개 장(章) 각각의 내용이 요약, 정리돼 있습니다. 독자들이 각 장의 내용을 미리 알아보시라는 뜻에서 마련한 건 아닙니다. 저자 세이건이 자신의 주장을 독자에게 효율적으로 전하기 위해 글쓰기의 어떤 장치를 동원하고 있는지 짚어내기 위해 마련한 것입니다. 칼 세이건이 구사하는 '사실에서 진실 찾기'의 묘미를 보여드리기 위함입니다. 필자는 이 덩어리에서 원저

*COSMOS*가 천문학을 주제로 한 단순 교양서가 아니라는 점을 강조하고 싶었습니다. 오늘 우리 사회 전반에서 회자되는 융합적 사유의 한 전형을 세이건의 *COSMOS*에서 알아보시라는 뜻에서 둘째 덩어리를 준비했습니다. 각 장 소개마다 지구 문명의 미래를 염려하는 칼 세이건의 깊은 고뇌와 함께 그의 인류애를 담아내려고 노력했습니다.

필자는 셋째 덩어리에 『코스모스』와 *COSMOS*가 국내와 국외에서 각각 엄청난 성공을 거두게 된 이유를 분석해 놓았습니다. 세이건은 자신의 저술에서 지구 생명의 출현과 진화 그리고 지구 문명의 현재와 미래를, 빅뱅(big bang, 대폭발)에서 비롯한 우주 진화의 거대한 시공간의 틀에서 조망합니다. 사람이라면 누구나 '우주에서의 인간의 위치'에 큰 관심을 갖지 않을 수 없습니다. 지구 문명의 암울한 미래상을 밝은 내일로 바꿔야 할 책임이 우리 지구인 각자에게 주어져 있기 때문입니다. 인류가 하나의 생명 종(種)으로서 행성 지구에 오래 살아남을 수 있느냐, 아니면 곧 스러지고 말 것이냐 역시 전적으로 우리 하기에 달려 있습니다. 세이건이 *COSMOS*에서 인류의 근본 문제를 건드렸던 것입니다. 여기에 『코스모스』의 성공 비결이 숨어 있습니다.

아울러 한 걸음 더 나아가 한국 전통 문화의 족보 중시 사상을 빼놓을 수 없습니다. 자기 조상의 시원을 빅뱅의 순간까지 끌어올릴 수 있다면 가슴이 설레지 않을 한국인이 어디 있겠습니까. 오늘의 많은 직장인들은 『코스모스』와 마주 앉아 대화하는 동안만은 신자유

주의 차꼬에서 풀려나곤 했을 것입니다. 그래서 우리가 사는 세상을 달리 볼 새로운 눈을 갖게 되므로 아빠는 자신뿐 아니라 어린 자녀를 위해서도 『코스모스』에 투자하기를 주저하지 않았던 것입니다.

앞에서 필자는 융합적 사유의 한 전범(典範)을 칼 세이건에서 찾아볼 수 있다고 했습니다. 세이건이 구사하는 '사실에서 진실 찾기'의 현란함은 어디에서 오는 것인지 묻지 않을 수 없습니다. 그래서 필자는 칼 세이건을 통해서 본 우리 교육의 문제를 넷째 덩어리에 뭉뚱그려 제시했습니다. 즉 비판적 책 읽기에서 얻어 낸 우리 자신에 대한 반성문이 넷째 덩어리를 구성합니다. 필자는 우리나라의 문과, 이과 분리 교육의 해묵은 병폐를 세이건을 통해서 직시할 수 있었던 것입니다.

필자가 옮긴이로서 *COSMOS*를 비판적으로 읽어 낸 결과가 『나의 코스모스』에 고스란히 담겨 있습니다. 방금 손에 집어 든 『나의 코스모스』가 앞으로 당신이 『코스모스』와 속 깊은 대화를 나누는 데 한 편의 유능한 길라잡이 되기를 바라면서 머리말을 대신합니다.

2017년 정월에

함허재에서

홍승수

차례

파토의
과학같은
소리하네
시즌2

나의 코스

with 서울대 물리천문학부 명예교수

BUNKER 1

1

칼 세이건과 함께 코스모스 속으로

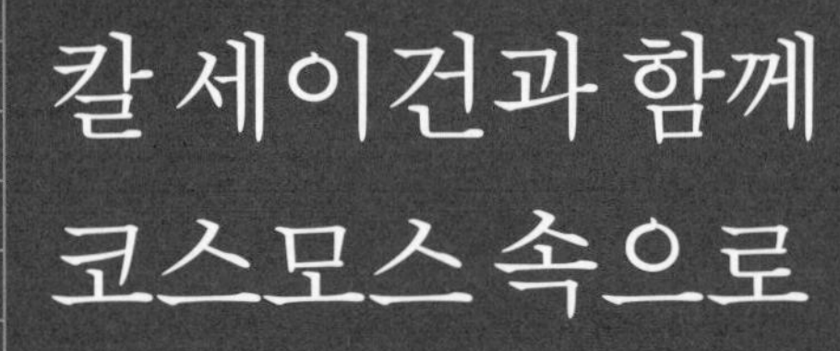

우리는 누구인가?

우리는
인간보다 훨씬 많은 은하들이 존재하는 우주의
까마득한 한구석에 처박힌 은하 속의
보일 듯 말 듯 희미하게 빛나는 별에 딸린
보잘것없는 행성에 살고 있지 않은가!

— 칼 세이건

원종우: 떨려요. 제가 3년을 이걸 했는데, 오늘(5월 14일. 음력 4월 8일) 너무 많이 오셨어요. 불편하시지요? (객석 "아니요.") 할 수 없지 뭐. 어떻게 해. 하하. 제가 3년을 하면서 무대에 굉장히 많은 분들을 모셨는데 오늘 가장 존경받는 학자를 모셨습니다. 여러분, 『코스모스』 다 읽으셨어요? (객석 "예.") 안 읽었지 뭐. 그렇지요? 집에 꽂혀 있지요? 그림만 몇 장 보다가 그냥 뒀지 뭐.

어쨌든 오늘의 주인공을 모시기 전에, 저희 '과학과사람들' 입장에서 좀 뜻깊은 상황들을 살펴보겠습니다. 일단 여기(무대 배경 현수막) 보시면, 오늘이 저희의 3주년입니다. (객석 환호와 박수) 그다음은 칼 세이건 선생님이 돌아가신 지 올해가 20주년입니다. 물론 기일(忌日)이 12월이기는 하지만, 어쨌든 그런 의미도 있고요.

내일인 '스승의 날'도 중요합니다. 오늘 여기 계신 교수님의 제자들도 오셨습니다. 본 강의 끝나고 그분들도 모셔다가 교수님의 옛날 이야기, 본인들의 흑역사, 공부 안 하고 도망 다닌 학생들과 무서운 선생님 이야기, 이런 걸 또 같이 나누게 될 거고요.

그리고 '부처님 오신 날'이기도 합니다. (객석 웃음) 바로 오늘이잖아요, 그렇지요? 그런데 생각해 보면 천문학과 물리학을 비롯한 현대 과학에서 말하는 것들이 결국은 모든 것이 다 얽혀 있고, 섞여 있고, 붙어 있다고 이야기하는 것 같기도 해서, 어떤 의미에서는 부처님 오신 날과도 조금 연결되지 않나 싶습니다.

저희 '과학과사람들'은 2013년 5월 7일에 K 박사님과 소박하게

'빅뱅'으로 시작을 했습니다. 그때는 한 편 하고 그만두지 않을까 생각했습니다. 그래서 진짜 아무 계획도 없었고요. 준비도 매우 부족했고, 첫 방송 들은 분들은 기억하시겠지만 저희가 막 만두를 먹으면서 방송했어요. 쩝쩝 소리가 다 들어갔더라고요. 그래서 처음 방송 내고 나서 맨 먼저 올라온 반응이 "첫 방송부터 먹방이냐?"였습니다. 그렇게 시작했고요. 첫 편 하고 반응 안 좋으면 그만두려고 했는데 지금까지 여든두 편이나 했습니다. 그래서 3년이 지난 오늘 대략 누적 1000만 다운로드가 됐습니다. (객석 박수) 그리고 지금까지 출연하신 과학자 및 과학 관련자가 서른두 명입니다.

그러면 저희 이야기는 그만하고 오늘의 주인공인 홍승수 교수님을 모시도록 하겠습니다. (객석 박수와 환호) 앉아서 하겠습니다.

홍승수: 글쎄, 앉는 게 마음이 편하지 않은데요, 저기 서 계신 분들이 하도 많아 가지고.

원종우: 그렇게 생각하시면 저는 또 뭐가 되나요? (객석 웃음) 알겠습니다. 예, 편하신 대로 하시면 되고요. 그리고 교수님을 모셨으니 말씀을 드리자면, 저희 '과학과사람들'은 그동안 이상하게 서울대 물리천문학부와 관련이 많았습니다. 제자 되시는 분들하고 저희들이 많은 것을 같이해 왔고요, 교수님은 다들 아시다시피 『코스모스』의 역자이십니다. 그리고 서울대 물리천문학부에서 30년 넘게 교편을

잡으셨고, 지금은 은퇴해서 명예 교수로 계십니다.

교수님의 강의가 유명한 것은, 물론 『코스모스』 이야기가 있어서 당연히 그렇겠지만, 교수님이 가지고 계시는 통찰이라든가 인문학적 접근이라든가 그런 것들이 청중들로 하여금 여러 가지 생각을 하게 만들고 또 여러 가지 감성적인 인문학적 접근을 하게 해 주기 때문이고, 그런 것으로 굉장히 잘 알려져 있습니다.

이제 교수님이 강의를 해 주실 건데요, 저는 제가 지금까지 3년 동안 한 번도 안 해 본 걸 하겠습니다. 저는 짱 박히겠습니다. (객석 웃음) 누가 오셔도 저는 이 자리에서 항상 끼어들었습니다만, 오늘만큼은 제가 내려가려고 …… 했는데 (무대 아래를 내려다보며) 내려갈 자리가 없네요. 그냥 구석에 짱 박혀서 아무 말도 하지 않고 있다가, 교수님이 강의를 끝내고 나면 다시 끼어들겠습니다.

강의가 끝나면, 이제 여러분도 잘 아시다시피, 질문지를 나눠 드릴 겁니다. 그러면 기탄없이 질문을 쓰셔서 저한테 넘겨주시면 되고요, 이어서 깜짝 게스트들을 모셔다가 아까 말씀드렸다시피 그분들의 흑역사, 교수님의 흑역사가 아닌 학생들의 흑역사죠, 그런 이야기들도 같이 나누도록 하겠습니다. 그럼 교수님께 다시 한번 박수 부탁드리겠습니다. (객석 박수)

칼 세이건에게서 듣는 '하늘, 땅, 그리고 사람' 이야기

홍승수: 감사합니다. 제게는 오늘 이 자리가 대단한 충격입니다. 어쩌면 기적이라고 불러도 좋을 정도로 대단한 충격입니다. 오늘같이 좋은 날 여러 가지 이유로, 그리고 토요일 오후 이 시간에 이렇게 많은 분들이 이 좁은 공간에 모이셔서 제 이야기를 듣겠다고 하는 건, 이건 기적입니다. 그리고 제가 이렇게 둘러보니까 연령대가 대개 30대, 40대인 것 같습니다. 혹시, 죄송합니다만, 여기 70대 계십니까? 저는 손을 들어야 됩니다. 그리고 놀라운 건 어린 아이들이 여기 있다는 겁니다. 가슴 뿌듯합니다. 굉장히. 한국의 미래, 대한민국 과학의 미래가 무지 밝구나, 다시 말해 오늘날 우리 경제가 어떻다고 그러더라도 여러분이 계시면, 여러분 같은 분들이 이 나라에 있으면, 우리의 미래는 대단히 밝다고, 그렇게 생각이 됩니다.

여기에 앉아 한 시간 넘게 기다리면서 온갖 상념이 머리에 떠올랐지만 한 가지만 말씀드리겠습니다. '이야~ 죽은 칼 세이건의 위력이, 그것도 20년이나 됐는데 참으로 대단하구나!' 그런 생각을 했습니다.

과학계에 이런 이야기가 있습니다. 물리학 분야의 책 중 레프 다비도비치 란다우(Lev Davidovich Landau, 1962년 노벨 물리학상 수상)와 에프게니 미하일로비치 리프시츠(Evgeniĭ Mikhaĭlovich Lifshits)의 물리학 시리즈가 있는데, 그게 러시아의 두 물리학자인 란다우 교수하고 리프시츠가 같이 쓴 겁니다. 항시 란다우가 앞에 나옵니다. 그리고 그 책을 실제로는 누가 썼는가 하면, 리프시츠가 썼습니다. 란다우는 글을 잘 못 쓴대요. 머리 회전이 너무 빨라서 글쓰기가 못 따라갔던 거죠. 글쓰기가 말할 수 없이 답답한 거예요. 그런데 이 양반이 불행하게도 교통 사고로 머리를 다치셨어요. 그래서 뭘 하기 힘들어졌어요. 그랬는데도 러시아 과학계에서는 금이 간 란다우의 머리가 온전한 리프시츠보다 낫다고 그랬답니다. 돌아가신 칼 세이건 교수가 이렇게 멀쩡히 살아 있는 홍승수보다 훨씬 나으십니다. 세이건은 저보다 꼭 열 살이 더 많은 분인데, 안타깝게도 70 이전에 60세 정도(62세) 됐을 때 돌아가신 걸로, 제가 기억하고 있습니다.

오늘 이렇게 많이들 계시니, 여러분과 함께하는 시간이 (한두 시간이 아니라) 몇 시간이 될지도 모르겠습니다. 여러분과 나눠야 할 것은 칼 세이건에게서 듣게 되는 천·지·인(天·地·人)의 이야기입니다. 하늘, 땅, 사람, 그 이야기를 하겠습니다.

홍승수, 『코스모스』를 번역하게 되다

세이건이 잘생겼어요. 뭐든지, 어떤 것이든지 거기에 관여된 사람들의 스토리를 알게 되면 특별한 애정을 느끼게 됩니다. 끙끙 고생을 하면서 논문을 읽었는데, 학술 대회에 가서 그 논문의 저자를 만나게 되면 그렇게 반가울 수가 없고, 그의 제자와 몇 마디 이야기를 나누고 나면, 그다음에는 그 사람이 쓴 논문을 훨씬 쉽게 읽을 수 있더라고요. 이것이 참 묘해요.

그래서 제가 어떻게 칼 세이건의 『코스모스』를 번역하게 됐는가 하는 그 배경, 역사를 말씀드리는 것도 아마 그런 의미에서 재미있지 않을까, 그렇게 생각이 됩니다.

장소: 서울대학교 호암 교수 회관
일시: 2000년 초여름 어느 날 점심 시간
참석자: 권기호(사이언스북스) +홍승수(서울대 천문학과)
안건: 1980년에 칼 세이건 프로덕션스(Carl Sagan Productions, Inc.)가 세상에 내놓은 과학 교양 명저 *COSMOS* (Carl Sagan, 1980)의 우리말 번역 제안

2000년 초여름이니까, 아마 이때쯤 됐을 겁니다. 어느 날 점심시간에 서울대학교 호암 교수 회관에서 당시 사이언스북스의 권기호 편집장하고 홍승수가 마주 앉았습니다. 저는 전혀 모르는 분이고, 갑자기 전화로 "내가 너를 만나러 갈 테니까, 호암 교수 회관으로 나와라." 그래서 마주 앉게 됐습니다. 여기 권 사장님이 계신지 잘은 모르겠는데요, 그렇게 마주 앉아 가지고 하는 이야기가 뭐냐 하면,

"1980년에 칼 세이건 프로덕션스에서 이 세상에 내놓은 과학 교양 명저인 『코스모스』의 우리말 번역을 당신이 좀 해 줬으면 좋겠다." 그러는 거예요.

그러니까 그때는 아마 제가 60이 아직 안 됐을 겁니다. 50대 중반인가 그랬을 땐데, 거절했어요. 그 자리에서 거절했어요. 왜 그랬는가 하면, 출판된 지 20년이나 된 과학 책, 그것도 천문학과 관련된 책이었고, 천문학 지식이라는 게 3년이 멀다 하고 끊임없이 바뀌거든요. 교과서요? 끊임없이 고쳐야 했죠. 그런데 그걸 번역하라고? 그러면 틀림없이 저는 번역하면서 주석을 끊임없이 달아야 했을 거예요, 그렇잖아요? 그건 못할 짓이거든요. 그리고 저는 특히 인문학 서적에 달린 주석은 읽지를 않습니다. 왜 거기다 쓰는지 모르겠어요. 본문에다가 쓰지. 도대체 이해를 할 수가 없어요. (객석 웃음) 그래서 제가 그 짓을, 제 자신이 할 생각을 하니까 솔직히 끔찍하더라고요. 그래서 "아이, 나는 그런 거……." 이랬습니다.

무슨 이유가 있었는가 하면, 그때는 넥타이를 꼬박꼬박 맬 때였습니다. 목에 힘 주고 폼 잡고 다닐 때였죠. 그래서 현직 교수로서 내가 전문서가 아닌 교양서를 번역한다는 건, 이건 격에 안 맞는다, 이렇게 생각했어요. 요즘 제가 반성 많이 합니다. (객석 웃음) 특히 2000년대 초반 한국 사회는 대학 교수들에게 뭔가 생산하라고 정말 윽박지르던, 그런 시기였습니다. 게다가 그때 저는 연구에 미련을 크게 가지고 있었습니다. 아, 그리고 또 하나, 이건 심각한 문젠데, 저는 개인적으로 칼 세이건을 좋아하지 않았습니다. 왜냐하면 그가 텔레비전에 나와 가지고 "빌리언스 오브 빌리언스(billions of billions, 수십조의 수십조)" 이 소리를 끊임없이 하는 게 싫었던 거죠. 물론 칼 세이건은 사이언스 커뮤니케이터(science communicator)로서 대단히 성공한 인물입니다. 아니, 아마 전 세계 제1인자일 거예요. 그래서 그때만 해도 제 생각에는 과학자라면 점잖게 연구실에 앉아서 논문으로 과학을 이야기할 것이지, 저렇게 텔레비전에 나와 가지고 "빌리언스 오브 빌리언스"를 반복해야 되겠는가, 그랬죠. 저는 그래서 이 양반을 싫어했죠. 저는 그런 학풍 속에서 크고 자랐습니다. 그래서 『코스모스』 번역이 할 일이 아니라고 생각했어요. (칼 세이건은 텔레비전 시리즈 「코스모스」의 시청자들이 millions와 billions를 명확히 구분해 들도록 하기 위해 billions의 'b'를 강하게 발음했다. 하지만 그가 공식적으로 "billions of billions"를 말한 적은 없다. 이것은 칼 세이건이 출연했던 뉴스쇼의 진행자가 만들어 낸 말인데 나중에 '많은 수량을 모호하게 일컫는 유머러스한 유행어'가 됐고 칼 세이건이 한 말처럼 인식됐으며, 1997년에 출간된 칼 세이건의 유작의 제목이 되기도 했다. 이 유작의 한국어판 제목은 『에필로그』다. — 편집자)

그다음에 제가 물은 것은, "이 책의 번역자가 꼭 홍승수여야 할 이유가 뭔가?"였습니다. 저보다 훨씬 더 잘 번역할 수 있는 사람이 있으리라 믿었고, 또 저는 제가 문장력이 부족하다는 걸 너무나 잘 알고 있었기 때문에, 제가 번역자로 적격이 아니라고 했습니다.

그랬더니 지금은 도서 출판 공존 사장인 권기호, 이 양반이 집요

바이킹 호 모형과 함께 있는 칼 세이건. © Carl Sagan Foundation.

하게 설득하시더라고요. 조목조목 들이댑니다. 아, 저 그날 사실은 꽤 당했어요. (객석 웃음)

"그렇다. 이 책은 출간된 지 오래된 저작물이다. 바로 그렇기 때문에 고전이라 하지 않는가? 출판된 지 20년이 됐는데도 번역이 필요하니까 이거야말로 고전이 아닌가?" 이러는 겁니다.

"절대로 수명이 다한 책이 아니다. 당신이 생각하는 것만큼 그렇지가 않다. 앞으로도 긴 수명을 누릴 것이다." 이 양반, 굉장히 깊이 생각하고 오셨더라고요.

"붙여야 할 역주가 당신이 예상하는 것만큼 많지 않을 것이다. 왜냐하면 이 책의 중심 주제를 이끌어 가는 데 최신의 과학 정보가 반드시 필요한 것은 아니다. 그러니 주석할 양이 많지 않을 것이다. 우리나라에 소위 『코스모스』 세대라는 연령층이 있다." 여러분 아니십니까? 오늘날 30대 직장인들은 1980년대 초 텔레비전에서 방영된 「코스모스」 시리즈에 열광했던 기억을 갖고 있습니다. 안 그러십니까?

"그들은 제대로 된 이 책의 번역본을 지금 고대하고 있을 것이다." 그리고 이건 굉장히 경제적인 사고인데 "열다섯, 스물일 때는 그 책을 사 볼 경제적 여력이 없었지만 이들은 이제 마음대로 책을 사 볼 금전적 여유가 있으니까 이 책이 나오면 살 거다. 이거 얼마나 좋은 일이냐?"

그러면서 권기호 씨 자신도 『코스모스』 세대라고 그러더라고요. "칼 세이건이 과학 대중화에 성공했다면 그의 명저 『코스모스』를 통해 우리나라에서도 과학의 대중화에 성공할 수 있지 않겠는가. 이것 좋은 일 아니겠는가?" 그런 뜻입니다.

"과학책을 읽게 해 줘야 된다. 그리고 이 책은 젊은 학자가 번역하기에 적당치가 않다. 왜냐하면 천문학의 과학적인 지식만 필요한 게 아니기 때문이다. 그리고 사이언스북스가 홍승수를 역자로 선정한 배경에는 여러 해 전 당신이 성공적으로 번역한 조지프 실크(Joseph Silk)의 『대폭발(*The Big Bang*)』이 있었기 때문이다." 제가 예전에 민음사에서 나온 이 책을 어디 누구 선물하고 싶어서 구하려고 사이언스북스에 물었더니 절판이래요. 아무튼 지금은 제가 구할 수가 없어요.

그래서 귀가 얇은 저는 마음이 흔들리기 시작했습니다. 그의 논지는 옳았습니다. 예순을 바라보는 제가 연구의 압력을 느낀다면 교수 생활을 막 시작한 30대 젊은 학자들은 오죽할 것이며 40대의 장년 교수들은 아마 더하면 더했지 덜하지 않을 것이라는 생각이 들었습니다. 그리고 학과에 있는 교수들의 얼굴을 머릿속에 그려 보니 제가 그걸 느끼겠더라고요. 그래서 몇 년 먼저 태어난 게 얼마나 다행인지 모르겠어요. (객석 웃음) 저는 그때 소위 테뉴어(tenure, 종신 재직권)를 갖고 있었습니다.

사실 저는 조지프 실크의 묵직한 책 『대폭발』을 번역한 경험이 있어서, 영어를 할 줄 알아도 말이지요, 이 '번역'이라는 것이 얼마나

고통스러운 일인가 잘 알고 있었습니다. 『코스모스』 역시 들어보니까 만만치 않은 분량의 책이었습니다. 그렇지만 제가 손을 대야 할 운명인가 보다 하고 이야기를 이어 갔습니다.

그리고 이건 좀 지극히 개인적인 이야기인데, 저는 권기호 씨가 한때 운동권에서 활약했을 것으로 짐작했습니다. 저는 이걸 권 사장에게 한 번도 직설적으로 물어본 적이 없습니다. 여기서 공개적으로 이렇게 얘기하지만, 이건 틀릴 수가 있어요. 그의 표정이 굉장히 해맑았고 말씨에서 믿음이 그대로 묻어났으며 정의와 평등과 인간애 등의 가치에 매달리는 그런 분으로 판단됐습니다. 그리고 가만히 보면 이 양반이 우리 사회의 부조리에 내면적으로 분노하고 있었어요. 주먹을 휘두르지 않더라도 말이지요. 그래서 보니까 이건, 제 자랑 같은데 대학생 시절의 홍승수를 마주보고 있는 것 같더라고요. 완전히 제가 녹아 버린 거예요. (객석 박수) 저는 6 · 3세대(1964년 6월 3일 한일 회담 반대 시위를 주도한 세대. —편집자)입니다. 한마디로 홍승수는 권기호의 인간성에 그 자리에서 반했습니다. 그래서 내린 결론이 '그래, 어디 한번 해 보자.' 속으로 다짐하면서 번역 계약서에 서명을 했습니다.

하지만 역시 고역이었습니다. 좀 고백하기 창피한 이야기인데, 역자인 저 자신이 너무 무지했어요. 무식했어요. 저는 꽤 알고 있다고 생각했는데, 거기 나오는 내용이 말이지요, 서양 철학, 서양 고대사는 물론이고 자주 인용되는 여러 민족의 신화까지, 미칠 노릇이었지요. 그리고 툭툭 튀어나오는 동양 고전. 이 내용들이 모두 '야, 너.

니가 뭘 안다고.' 하는 식으로 저를 비웃는 것 같았어요. 저한테 그렇게 보였어요. 아까도 말씀드렸습니다만, 반성 많이 했습니다.

그래서 번역은 더디게 진행됐고, 그러는 사이에 권기호 편집장은 사이언스북스를 떠났어요. 정말 미안했어요, 정말. 그러고 나서 그 자리에 누가 오셨는가 하면, 아주 우람한 체격의 노의성 편집장이 오셨습니다. 노의성 편집장이 그 일의 마지막 작업을 했습니다. 번역에 착수한 지 무려 3년 6개월 만에 제가 겨우 초고를 완성할 수 있었습니다. 이렇게 번역하면, 장사 안 되는 거예요. 사이언스북스, 참 그래도 대단해요. 그 3년 6개월을 기다렸으니까.

겨우 초고를 마치고 그해 제가 안식년을 떠나게 되어 있었어요. 그래서 안식년을 떠나기 전에 번역 원고 교정이랑 모두 처리하고 가야 되니까, 홍승수는 노의성 편집장을 못살게 굴었고, 노의성 편집장은 홍승수를 대단히 못살게 굴고, 그랬어요. 결국 교정을 초교밖에 못 봤어요. 그러고 저는 일본으로 가 버렸습니다. 그다음에는 서울과 일본 사이를 그 교정지 뭉치가 몇 번이나 오갔는지 모르겠습니다. 아마 열 번은 했을 거예요. 그러니까 노의성 편집장이 속으로 꽤 욕했을 거예요. 이 사람 정말 속 썩인다고, '오케이(교정 완료)'를 빨리 하지 않는다고 말이지요.

그러다가 서울에서 동아시아 천문학자 대회가 있었는데 거기에 제가 와야 했습니다. 일본 가나가와 현 사가미하라에서 서울로 와서 그 대회에 참석하는 동안에도 노의성 편집장은 계속 전화하고, 메시지 보내고, 그랬던 거예요. 제가 일본으로 돌아가기 전에 교정을 마무리해야 했으니까, 대회장에 앉아서 그거에 답하고 고치고, 그랬어요. 그렇게 해서 겨우 끝내고 일본으로 갔습니다.

저는 정말 어떤 책이 나올지 전혀 모르고 있었는데, 그해 겨울 굉장히 두툼하고 아름답게 꾸며진 양장본이 일본으로 왔습니다. 아까 어떤 분이 오셔서, 사인을 받으려고 그랬는데 책이 너무 무거워서 천안에서부터 가져오기가 어려워 안 가져왔다고 그러더라고요. 그런데 사실 책을 그렇게 양장본으로, 고급본으로 내서 욕을 좀 먹었습니다. 왜냐하면 이렇게 책값이 비싸 가지고 과학의 대중화에 기여하겠느냐, 이겁니다. 현실을 재빨리 알아챈 사이언스북스에서 뭐를 한 겁니까? 보급본 1만 5000원짜리를 찍어 냈던 거예요. (칼 세이건 서거 10주기 특별판을 말한다. — 편집자)

그런데 『코스모스』 번역이 그렇게 고달프기만 한 건 아니었습니다. 얻은 게 있었으니까요. 소득이 있었으니까. 생물학 관련 사항은 딸과 사위에게 물으면 됐어요. 고생물학 문제는 마침 우리 집 막내가 고생물학 전공자여서 물어 보면 됐어요. 서양 철학은, 네덜란드에 있는 철학을 전공한 친구에게 물었어요. 그리고 동양 철학은, 서울에 있는 고교 동창 중에 한문학을 하고 동양 철학을 한 사람이 있어서 그 친구한테 물으면 됐어요. 이 과정에 늘 배우는 즐거움이 따랐습니다. 제 자신의 무식도 돌아보게 됐고, 그리고 역시 반성 많이 했습니다. 너무 창피하네요. 자꾸 제가 반성 이야기를 하니까. 하여간 그렇게 좀 이해해 주십시오.

그리고 서울 대학교 관악 캠퍼스의 교수 식당은 특별한 곳입니다. 왜냐하면 어느 분야든지 그 분야의 전문가들이 거기서 3,500원짜리 점심을 드십니다. 요즘도 3,500원인지는 모르겠지만. 그래서 제가 번역하는 과정에서 궁금한 문제가 있으면, 그 식당에 가서, '아, 저 친구, 저기 왔구나.' 하고 앞에 가서 앉으면 돼요. 그럼 문제가 해결돼요. 그렇겠지요? 굉장히 행복한 시간이었습니다.

그러다 보니 말이지요, 엉뚱한 생각이 드는 거예요. 뱁새가 황새 쫓아간다고 말이지요, 저도 책을 써야겠다는 생각이 솔솔 들기 시작했고, 책 제목도 지어 놨어요. "화성, 아, 너, 붉은 악동아" 이런 제목의 책을 쓰겠다고 마음먹었어요. 그런데 아직 첫 페이지도 못 썼어요. (객석 웃음)

번역을 마치고 저는 칼 세이건이라는 인물을 다시 보게 됐습니다. 번역을 하는 과정에서, 저는 우선 세이건의 열정에 그냥 두 손 들었습니다. 그가 구사하는 문장에서 그의 뜨거운 열정이 그대로 묻어났습니다. 사실 저는 누구든지 자기가 하는 일에 온 정성을 다 바쳐서 열정적으로 하는 사람, 그런 사람을 좋아하고 사랑합니다. 고개가 숙여지더라고요. 어떻게 이럴 수 있을까? 그의 문장은 대단한 명문이었습니다. 정말 명문이었습니다. 이 이야기는 무슨 소리인가 하면, 번역하기가 지극히 어려웠다는 고백입니다. 그 분위기를 살릴 수가 없는 거예요. 이걸 어떻게 살려야 할 텐데, 문장이 길기는 왜 그렇게 긴지 말예요.

저의 번역이 세이건의 원문에 담긴 인문학적 품격을 도저히 살리지 못했습니다. 미안했습니다. 그의 열정을 제 번역문에 쉽게 담아낼 수 없는 것도, 안타까운 일이었습니다. 그리고 그의 지식의 폭과 깊이에 놀라지 않을 수 없었습니다. 왜냐하면 그가 40대에 쓴 책이었기 때문입니다. 번역하던 그때 저는 60을 바라보는 나이에 그동안 학자라고 하면서 뭘 하고 살았는가 하는 반성을 하게 된 거예요. 이 양반은 이렇게 광범위한 분야에 대해서 해박한 지식을 갖고 있는데, 저는 참 그렇더라고요. 이게 굉장히 고민스러웠습니다.

그래도 핑계를 댈 데는 있었어요. 도망갈 데가 있었죠. 어디인 줄 아세요? 여기 계신 여러분 모두 저하고 같이 희생된 영혼들이십니다. 여기 다 문과, 이과 분리 교육 받으신 분들이죠? 안 그러세요? 치명적이에요, 문과, 이과 분리 교육, 이게 정말 치명적입니다. 이걸 때려 부숴야 합니다. 정말 우리나라 교육 제도는 이게 문제입니다.

권기호 씨의 예측대로 옮긴이 주를 붙일 데가 거의 없었습니다. 아마 여러분도 책을 보셔서 아시겠지만 옮긴이 주가 별로 없을 겁니다. 왜냐하면 칼 세이건이 자기의 주장을 뒷받침하기 위해서 인용한 천문학적인, 과학적인 사실들은 유행을 타는 그런 사실이 아니에요. 전부 다 정말 근본적인 사실들만을 인용하고 있더라고요. 그러니까 거기에 무슨 주석을 붙일 필요가 없었어요. 새로운 관측적인 사실을 끌어낼 필요가 없었던 거예요. 참 놀랍더라고요.

제가 이런 걸 보고 뭐라고 했느냐 하면, "아, 세이건이 실력이 있구나." 그랬어요. 그때 그걸 느꼈어요. 그다음으로 정말 놀란 것은, 세이건이 자신의 책에 인용한 과학적 사실들이 그 사실 자체로도, 제가 방금 이야기한 대로, 근본적이고 중요한 의미를 갖는 것은 물론이고, 세이건이 그 '사실'에서 '진실'을 찾아냈다는 점입니다. 똑같은 '사실'을 던져 주더라도 아무나 그렇게 놀라운 '진실'을 찾아낼 수는 없습니다. 이건 굉장히 창의적이에요. 꿈도 꾸지 못했던 이야기들이 뻔한 사실에서 튀어나오더라고요. 그건 세이건만 발휘할 수 있었던 놀라운 능력이에요. 이 양반이 그런 걸 참 잘도 짚어 냈어요. 그만이 짚어 낼 수 있는 고유의 진실들이었습니다. 수명이 긴 과학적 정보만 선별할 수 있었기에 그가 찾아낸 진실은 깊고 긴 울림으로 독자에게 다가갔을 것입니다. 여러분은 어떻게 느끼시는지 모르겠습니다.

이 점이 바로 『코스모스』 성공의 근본적인 비결입니다. 『코스모스』는 물론 대한민국에서만 성공한 것이 아니라 전 세계적으로 성공한 작품인데, 그렇게 성공할 수 있었던 이유가 뭐냐 하면, 뻔한 사실에서 찾아내는 진실이 칼 세이건만의 고유한 것이었고, 그 진실이야말로 차원 높은 의미를 제시했기 때문입니다. 그래서 읽는 재미가 있어요. 깜짝깜짝 놀라요. '아, 나는 이걸 놓쳤었는데. 아, 그렇구나. 세상이 이렇구나.' 이 소리를 할 수 있다, 이 말씀이에요. 책을 읽으면서 말이죠. 동의 안 하시는 것 같아요, 여러분. (객석 박수) 그러니까 『코스모스』가 왜 재미있느냐? 저는 이런 점 때문에 재미있다고 생각을 합니다.

그다음으로, 그의 달변은 달변만을 위한 달변이 아닙니다. 그러니까 허황된 말장난이나 개그가 아니라, 뜨거운 열정과 깊은 지식, 다양한 분야에 걸친 폭넓은 관심에서 비롯한 것이었습니다. 그가 학창 시절에 향유할 수 있었던 미국 동북부 보스턴 지역의 지적 풍토가 저는 무척 부러웠습니다. 그러나 저 자신은 이 나라의 문과, 이과 분리 교육의 희생자일 뿐이었죠. 여기 계신 원종우 대표가 뭘 전공한 분이신가, 제가 슬며시 물어봤어요. 그랬더니 철학 전공이라고 하더라고요. '대단해요. 아, 역시 철학! 과학은 철학을 보지 못해도 철학은 과학을 볼 수가 있는 겁니다.' 저는 그렇게 생각했어요.

그리고 이건 부족한 번역에 대한 도망갈 구실을 찾느라고 드리는 말씀인데, '나의 번역이 우리나라의 과학 대중화에 일조를 할 수 있다면, 내가 『코스모스』 번역 과정에서 저자에게 진 여러 가지 빚을 갚는 셈이 될 것'도 같았습니다.

그럼, 이 책을 번역하게 된 저의 개인적인 이야기는 이 정도로 하겠습니다. 몸을 좀 푸세요. 그냥 다들 서 계셔서, 제가 정말 죄송합니다. 그리고 K 박사나 원종우 대표가 계속 저한테 압력을 넣더라고요. "제발 당신 심각한 소리 하지 마시오." (객석 웃음) 그리고 "옷도 캐주얼하게 입고 나오시오." (객석 웃음) 그러더라고요. 사실 제가 오늘 오전에 이 옷을 입고 집에 앉아서 오후에 발표할 자료를 정리하고 있었는데, 저는 발표 1초 전까지도 고칩니다만, 고칠 게 또 있었던 거예요. 그래서 그걸 고치다가 집을 서둘러 나와야 했는데, 그래도 바지는 정장 바지를 입어야지 하고 생각했지만 그거 갈아입을 시간이 없었습니다. 여기에 오후 2시까지 못 올 것 같았어요. 그래서 '에이, 모르겠다.' 하고 그냥 길에 올라섰습니다. 그런데 그렇게 하기를 잘한 것 같아요.

세이건의 『코스모스』 성공 스토리

『코스모스』에 실린 인용문의 출처와 그 성격을 제 나름대로 분석해 봤습니다.

신화와 역사, 동양 고전: 13	외계 생명과 외계 문명: 11
철학, 문학, 예술: 9	천문학, 우주론, 다윈 진화: 8
종교, 과학 일반: 7	인류와 지구 문명의 미래: 4

이게 핵심입니다. 이것들이 이런 비중으로 다루어지고 있더라고요. 그러니까 이 책을 끝까지 읽어 보신 분은, 그냥 서가에 꽂아 놓으신 분이 아니라 끝까지 읽어 보신 분은 압니다. 이 책이 일관되게 겨냥하는 것은 '인류 문명의 바람직한 미래상'입니다. 칼 세이건은 그걸 1980년에 고민했던 것입니다. 그래서 많은 분들이 오해하고 계

실지 모르겠는데, 『코스모스』는 제목에서 풍기는 것처럼 천문학 지식을 대중에게 전달하기 위해 집필된 책이 아니었어요. 그런 의미의 교양서가 아니에요.

그리고 『코스모스』는 인류가 진화하는 과정에서, 특히 최근 1만 년 동안 쌓아 올린 찬란한 문화와 위대한 문명의 뿌리가 인간의 이성(理性)에 있음을 밝히고자 하는 책입니다. 그 이성에 매달리려고 한 거예요. 저는 요즘 이성을 잘 안 믿습니다만, 그래도 이 책은 '우리가 할 수 있다, 이 어려운 문제를, 이 어려운 난관을 인간이라면 헤쳐 나갈 수 있다.' 그걸 강조하고 있더라고요. '인류 문명의 미래가 어둡지만 지구인은 이 어두움을 극복할 충분한 지성적, 기술적, 재정적 능력을 가지고 있다. 미국 정부는 돈을 가지고 있다.' 그런 이야기에요. 어떤 돈이요? '외계 생명을 찾으러 우주선을 쏘아 올리는 데 필요한 돈을 충분히 가지고 있다.' 이 말입니다. 그 돈으로 전쟁만 안 하면. 그러니까 '우주 탐사는 지구인의 밝은 미래를 위한 준비'라는 뜻에서 그 가치가 인정되어야 한다고 강변하고 있습니다.

그런데 여러분, 생각해 보세요. 2000년대에도 저는 국립고흥청소년우주체험센터 원장을 맡고 있던 시절에 우리나라 정부의 기획재정부 관료들과 참 많이 싸웠어야 했습니다. 1980년대에 기재부 관료들에게 칼 세이건이 한 이야기를 한다고 생각해 보세요. 그러면 정신 나간 노인이 왔다고 그랬을 겁니다. 그래도 요즘은 그들의 생각도 많이 바뀌었습니다. 정말 많이 바뀌었습니다. 그래서 고흥청소년우주체험센터를 찾아오는 학생들에게 우주로 가는 길을 열어 주기 위해 구경 1미터의 고급 망원경을 만들겠다고 하니까, 과거에는 정신 나간 사람 취급했는데 이제는 설득하면 먹혀 듭니다. 그래서 25억 원을 내주더라고요. 한국의 기획재정부가 변했습니다. 무엇 때문인가 하면, 여러분 때문입니다. 한국에 여러분과 같은 특별한 대중이 생겼기 때문에 한국 사회는 무지하게 빨리 사고의 전환을 할 수가 있게 된 것입니다.

결론적으로 『코스모스』는 지구 문명의 어둠을 밝혀 줄 빛을 외계에서 또는 외계에 있을지도 모를 문명에서 찾아보자고 설득하기 위해 씌어진 책이었습니다. 그런데 『코스모스』라는 명작이 탄생하게 된 시대적 배경, 그것을 좀 둘러볼 필요가 있어요. 바이킹 프로젝트가 성공하고 그다음의 보이저 프로젝트도 성공했는데, 그 성공에 정말 칼 세이건의 기여가 결정적이었어요. 절대적이었어요! 『코스모스』는 그 성공과 더불어 이 양반이 새로이 기획을 한 거예요.

그리고 그냥 책상 앞에 앉아 혼자서 쓴 게 아니더라고요. 엄청난 지원 스태프(제작진)가 있었습니다. 「코스모스」 텔레비전 시리즈의 제작을 위해 '칼 세이건 프로덕션스'라는 회사를 따로 설립했어요. 이 회사를 설립하는 데 자기 돈 들이지 않았더라고요. 그것 참 놀라워요. 지금 이 행사도 아마 원종우 대표가 자기 돈 들이지 않았을 거예요. 그게 재주더라고요. 세이건 이 양반이, "내가 이러저러한 원대한 포부를, 이러한 계획을 가지고 저러한 사업을 벌일 테니까, 은행,

너 돈 내놔라." 해서 은행에서 필요한 돈을 끌어내 가지고 정말 화려한 스태프를 구성하고 그들에게 월급 주면서 준비시켰어요. 그렇게 해서 그 13부작 시리즈가 탄생한 겁니다.

그러니 좋은 작품이 나올 수밖에 없었겠죠. 혼자 책상 앞에 앉아 가지고 한 게 아니거든요. 물론 전반적인 방향, 그것은 세이건의 머릿속에서 나왔겠지요. 하지만 필요한 여러 가지가 있잖아요. 그래서 제가 회심의 미소를 지었습니다. '칼, 그러면 그렇지. 나는 그런 스태프가 없어. 내게는 그저 나에게 천문학을 배우려는 조교가 있을 뿐이야.' (객석 웃음과 박수)

그리고 세이건은 『코스모스』에서 행성 지구와 인류 문명의 미래를 아주 특별하게 겨냥함으로써 인류의 보편 가치를 중심 주제로 삼았던 겁니다. 인류 전체를 아우른 거죠. 그러니까 어떻게 돼요? 분야에 상관없이 일반 대중이 이 책을 사 보려고 몰려들었어요. 이런 것들이 참 놀라워요. 주제를 천문학에 치중하지 않고 인류 문화와 문명 발달 사이에 초점을 맞추었고, 그렇게 해서 책을 만들어 놓고 보니까, 그저 글자를 눈으로 보는 재미뿐 아니라 컬러풀한 이미지들을 보는 재미도 있었던 겁니다. 그때만 해도 책에 총천연색 이미지가 실린다는 건 상상을 못하던 시절이었습니다. 1980년에 말이죠. 그리고 가슴으로 읽는 재미도 있었습니다. 왜냐하면 인류의 미래니까, 그렇지요? 그것도 5,000년 후의 미래를 이야기하는 게 아니라, 어쩌면 100년 후일 수도 있는 미래를 이야기하니까 말이에요.

세이건이 직접 「코스모스」 텔레비전 시리즈에 나레이터로 나온 것도 참 놀랍습니다. 거기서 이 양반 하는 걸 보면 흔히 생각하는 학자 같지 않잖아요? 배우지요. 훌륭한 배우예요. 어디에서 그런 연기력을 습득했는지 모르겠어요. 그리고 책을 보면 훌륭한 저술가였습니다. 정말 놀라울 만큼 훌륭한 저술가였습니다. 오늘 하늘에서 칼이 기뻐할 것 같아요. (객석 웃음) 저 때문이 아니라, 여러분 덕분에.

세이건은 텔레비전 시리즈와 책을 모두 충실하게 제작하여 둘 다 걸작으로 만들어 냈습니다. 그러니까 이미지 중심의 정보 전달과, 활자 중심의 정보 전달, 두 방법을 모두 썼는데, 후자는 사람으로 하여금 무척 깊이 생각하게끔 만들고, 전자는 사람으로 하여금 즉각적인 반응을 불러일으킵니다. 그러니까 텔레비전이라는 낚싯바늘로 먼저 코를 꿰고 그다음에 책을 판 겁니다. 이게 기가 막힌 거예요. 하여간 놀랍더라고요. 그런데 보니까 원종우 대표와 '과학과사람들'도 딱 그걸 하고 있더라고요. 아닙니까? 아니, 저는 그 사실을 지금 알았어요, 지금. 이걸 책으로 낸대요. 사이언스북스에서 제가 여기에서 헛소리한 게 다 책으로 나올 거예요. 그럴까 봐 뜨끔하더라고요.

그래서 이제 여러분은 『코스모스』가 거둔 성공의 뿌리가 어디 있는지 아셨을 것입니다.

번역자가 들려주는 『코스모스』만의 매력과 특징

오늘 먼 길 마다 않고 오신 분들이 계신데, 여기 서울 충정로에서 대한민국 전 국토 중 제일 먼 곳이 어디인줄 아세요? 차로 움직일 수 있는 제일 먼 곳이 아마 전라남도 고흥군 나로도일 겁니다. 제일 멀어요. 여기에서 한 500킬로미터 될 거예요. 그런데 오늘 거기 나로도에서 온 양반이 있어요. 저로서는 이게 어깨를 굉장히 짓누르고 있습니다. (객석 웃음) 아니 정말이에요. 이건 솔직한 고백입니다. 그러니까 그 먼 길을 마다 않고 오셨는데, 기분이라도 『코스모스』를 읽으신 것 같아야 될 것 아니에요? 그래서 제가 각 장의 핵심 내용을 요약해서 말씀드리려고 합니다. 그리고 이걸 요약해 말씀드림으로써 이 책의 전반적인 특성, 이 책이 가지고 있는 고유성, 그걸 좀 알려드리고자 합니다.

저자는 『코스모스』의 첫머리를, 자신이 어렸을 때 뉴욕 시의 도서관에 갔던 이야기로 시작합니다. 기억하시지요? (객석 "예.") 가서 뭐라고 그랬어요? 사서한테 가서 '스타(star)'에 관한 책을 좀 달라고 한 거예요. 그랬더니 사서가 영화 배우 책을 잔뜩 갖다 준 거예요. 그래서 이 양반이, "이게 아니라 하늘의 스타다."라고 했죠. 그래서 책을 얻어 공부를 했어요. 어렸을 적에, 아주 어렸을 적에.

이걸 읽는 순간 저는 이 장면에 정말 완전히 반했어요. 왜냐하면, 홍승수도 비슷한 경험이 있거든요.

때: 1953년 여름 어느 비 오던 날, 한국 전쟁 휴전 회담 시기
장소: 서울 광교 근처 도서관
사건: 초등학교 4학년의 첫 도서관 방문
결과: 1) 태양계 행성들에 관한 책을 찾아 읽고 혼자 공부하다.
2) 화성의 운하와 계절 변화에 관한 이야기에 가슴이 설레다.
3) 다음날 학교에 가서 급우들을 모아 놓고 '천문학 강의'를 하다.

천문학에 관해 제가 최초로 배운 것은 초등학교 4학년 자연 시간이었던 것 같아요. 그때 태양계에 행성이라는 게 9개가 있고 어쩌고저쩌고 그러는데, 교과서에 있는 이야기만 가지고는 도대체 간에 차지가 않는 거예요. 그래서 이걸 어떻게 하면 되나 했는데, 집에서 하는 말이 도서관에 가면 책이 있다는 거예요. 그래서 도서관을 찾아 갔습니다. 지금 청계천 광장이 있는 광교 근처에 그때 서울 시립 도서관인가가 있었어요. 비가 무척 많이 오는 날이었는데, 거기 가서 도움을 받아 책을 찾아서 읽었어요.

아, 그 책을 지금 볼 수 있다면 얼마나 좋을까? 만져 볼 수 있다면 얼마나 좋을까요? 그런데 그 책의 내용에 태양계에 관한 이야기가 쭉 기술되어 있는 거예요. 화성에 운하가 있고, 화성인이 있고, 또 뭐가 있고, 그런 이야기가 있는 거예요, 바로 그런 이야기가. (객석 웃

음) 정말 놀랍더라고요. 그래서 거기 도서관에 앉아 가지고 공부를 정말 열심히 했어요. 그러고는 학교에 가서 반 아이들을 불러 모아 놓고 제가 강의를 했습니다. "야, 이게 이거고, 저게 저거야."라고.

이것이 대한민국의 1953년이었습니다. 정말 지나고 보니까, '야, 이 민족이 얼마나, 얼마나 억센 민족인가!' 그걸 알겠더라고요. 제가 초등학교 다닐 때 서울 시내에 다음 쪽 사진 속의 이런 아이들이 많았어요. 생긴 것도 꼭 저하고 비슷하게 생겼어요. (객석 웃음) 또 청계천은 판잣집들이 다닥다닥 붙어 있었습니다. 아마 믿기지 않으실 겁니다. 그렇지만 이게 1953년 서울시의 현실이었습니다.

당시 과학은 '기술'과 똑같은 의미였습니다. 어떤 게 '기술'이었는가 하면, 미군 부대에서 흘러나온 깡통따개 있잖아요? 우리가 '깡그리'라고 불렀는데, 이렇게 꼬부라진 모양을 가지고 쭉 돌아가며 깡통 뚜껑을 따는 것 말이에요, 그게 기술이었어요. '야, 어떻게 이런 걸 만들어서 깡통을 이렇게 멋지게 딸 수 있을까?' 저한테는 그게 엄청난 기술이었어요. 그다음은 지프차. 미국 군인들이 지프차를 타고 가면서 초콜릿을 뿌렸어요. 그러면 저 같은 애들이 쫓아가서 그걸 주워 먹었어요. 저는 아버지한테 한 대 되게 얻어맞고는 주워 먹지 않게 되었지요. 쫓아가지도 않았어요. 그다음 쌕쌕이 비행기(F-86 세이버 전투기). 6 · 25 전쟁 중에 제가 경험했던 '쌕쌕이', 그건 어마어마한 위력으로 저를 엄습하고, 둘러쌓습니다. 이게 당시 사람들이 생각하던 과학이었습니다.

서울의 전쟁 고아들. 1953년 11월 25일 촬영 사진. © 국가기록원.

이런 참담한 세상에서도 하늘에는 달이 떴고, 홍승수는 하늘을 향한 꿈을 키울 수 있었습니다. 무엇 덕분인가 하면, 그 시절 그 도서관에 화성에 관한 이야기가 실린 책이 있었기 때문입니다. 그 책은 두껍지도 않았어요. 지금 기억에 이 정도, 2센티미터 정도였던 것 같아요.

당시는 휴전 회담이 치열하게 이뤄지고 있던 때였는데, 그게 아마 7월에 조인됐던가 그랬을 겁니다. 바로 그 시기일 겁니다. 여름이었던 걸로 기억하는데, 그러한 상황에서도, 어린아이들을 가르치겠다고, 그래도 누군가에게 읽히겠다고 그런 책을 찍어 냈던 겁니다. 화성 이야기나 화성인 이야기, 그런 건 미국에서도 그 시기에 나온 거예요. 굉장히 빨리 들여온 겁니다.

그래서 이렇게 칼 세이건의 뉴욕 시립 도서관 방문 기억, 홍승수의 광교 부근 서울 시립 도서관 방문 기억, 이 둘이 멋들어지게 맞아떨어지면서 그의 책을 손에서 놓을 수 없었던 겁니다. (객석 웃음) 작가 또는 저술가를 지망하시는 분들은 이 점을 염두에 두셔야 해요. 사람에 관계된 것, 그 이야기를 하면 굉장히 매력적입니다. 왜냐하면 다른 사람은 어떻게 사나, 이걸 다들 궁금해 하잖아요? 아주 안 보는 척하고 프라이버시 어쩌고 하면서도 다른 사람의 이야기에 우리는 정말 귀를 많이 기울입니다.

『장길산』을 쓴 황석영 있잖아요? 제가 황석영 작가하고 중 · 고등학교를 같이 다녔어요. 그 녀석하고 못된 짓 많이 하고 다녔어요.

그런데 이 친구 위대해져 가지고 이제 잘 안 만나 줘요. (객석 웃음) 그런데 여러 해 전 같이 앉아서 포도주를 나눌 기회가 있었는데, 황석영, 이 위대한 작가가 뭐라고 하는고 하니 "승수야, 사람은 말이야. 누구나 그 사람의 일생이 한 편의 드라마야. 그렇기 때문에 누구의 일생이든지 그걸 한 편의 드라마로 엮어 멋진 소설로 쓸 수 있는 거야." 그러더라고요. 『어둠의 자식들』이 그냥 내 머릿속에 와서 때리더라고요.

누구나 사람의 인생은 한 편의 드라마입니다, 드라마. 누구의 인생이든지 간에, 그것이 격동의 시대, 참혹한 전쟁을 겪었든 겪지 않았든 그건 문제가 아니란 말이지요. 남이 어떻게 사는가에 대해 굉장히 깊은 관심을 갖지 않으면 안 돼요. 그러니까 독자의 관심을 끌어들일 생각이면, 제일 처음에 사람에 관한 이런 이야기를 하면, 아주 효과가 있어요. 그런데 어떤 사람은 이걸 너무 써 가지고 자기 자랑만 되게 하는 거예요. 그러면 덮지요, 책을 덮지요. 그러니 그 이야기에 시대적인 상황이 제시될 수 있어야 할 겁니다. 물론 그런 상황은 자신이 주장하는 것에서 굉장히 중요한 몫을 차지해야 하고, 바로 그런 상황 때문에 제가 이 사진을 보여 드린 겁니다.

◎1장. 코스모스의 바닷가에서: 천문 8 + 역사 2

세이건의 『코스모스』 이야기로 돌아가 보죠. 1장에서 무슨 이야기를 하고 있는가 하면, 은하의 세상과 태양계를 급히 돌아서 앞으로 행할 우주 여행의 대강을 보여 준 다음, 우주의 공간적인 얼개를 이야기하고 있습니다. 그러니까 태양계 같은 행성계, 별의 세계, 별들이 모인 은하의 세계, 은하들의 세계, 이런 걸 이야기하는 거예요. 스케일, 그러니까 규모의 방대함, 이걸 이야기하고 있습니다. 행성 지구의 크기 측정과 인류 사회의 위대한 항해를 이야기하고, 알렉산드리아로 가서 고대인들의 우주관을 이야기합니다. 정말 찬란했던 알렉산드리아의 과거를 이야기합니다. 그러니까 이게 뭐예요? 맵(map, 지도)을 깐 거지요, 맵을. 맵부터 깔아 놓고서 『코스모스』라는 거대한 배의 닻을 끌어올린 겁니다.

제가 여기에 나와 있는 내용이 천문 관련이 얼마이고 역사 관련이 얼마인가 봤더니, 천문 관련이 약 80퍼센트이고 나머지 20퍼센트는 역사더라고요. 물론 이 비율은 여러분이 보시기에 따라 다 다를 수 있습니다.

◎2장. 우주 생명의 푸가: 생물학 8 + 고생물학 2

2장으로 넘어오면, 세이건이 구사하는 스토리텔링(storytelling, 글이나 이미지나 소리를 통해 이야기를 전달하는 것)의 실력, 이게 정말 놀라울 정도로 멋지게 발휘됩니다. 2장에서 저자는 '사무라이 게(*Heikeopsis japonica*, 콩겟

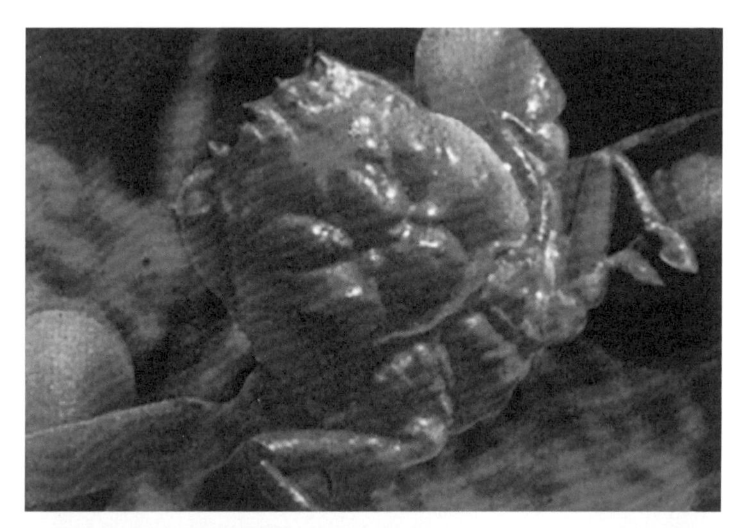

사무라이 게와 일본 무사. 『코스모스』에서.

과의 일본 고유종 헤이케가니(平家蟹)를 말한다. ―편집자)' 이야기를 해요. 사진의 이걸 보고 '사무라이 게'라고 한대요. 사무라이는 이런 모습이잖아요? 얼굴 부분이 게의 껍데기하고 비슷하지요? 일본의 단노우라(壇ノ浦)라는 내해에 이렇게 생긴 게들이 많이 사는데, 이 게를 '사무라이 게'라고 부른답니다. 참 뜬금없지요. 우주가 어쩌고 그러더니 갑자기 극동 섬나라의 게 이야기가 튀어나오는 거예요.

이 게의 스토리가 어떻게 된 것인가 하면, 12세기에 일본의 왕이 헤이케파의 일곱 살짜리 소년이었대요. 그런데 왕위를 찬탈하려고 겐지 파 무사들이 헤이케 파 무사들하고 전쟁을 벌였던 겁니다. 누가 이겼나요? 헤이케 파가 지죠. 그래서 헤이케 파의 사무라이들이 모조리 죽습니다. 겨우 42명의 궁녀만 살아남았는데, 어떻게 먹고살 수가 없으니까, 그 지방의 어부들에게 자신의 몸을 팔았습니다.

그런데 그 바다에서 잡히는 게 중에 생김생김이 사무라이의 모습하고 조금이라도 비슷한 게가 있으면, 용감하게 싸우다가 죽어 간 헤이케 사무라이들이 떠오르면, 어떻게 했겠어요? 그걸 잡아먹겠어요? 바다에 다시 놔줬어요. 계속 그렇게 한 거예요. 그럼 이 지역의 게가 어떻게 됐겠어요? 사무라이같이 생기지 않은 게는 모조리 잡히고 사무라이같이 생긴 게만 살아남았겠지요. 사무라이를 좀 더 많이 닮은 게들이 더 잘 살아남았겠지요. 진화가 일어난 거예요, 생명의 진화.

야, 세이건이 이런 술수를 쓰더란 말이에요, 이런 술수를. 아니,

이런 이야기를 쓰려면, 다윈 진화가 뭐고 돌연변이가 생겨 환경에 잘 맞으면 살아남고 어쩌고, 이렇게 써야 되잖아요, 안 그래요? 그런데 미국 사람이, 그것도 20세기 과학자가 12세기의 이야기를 쓰는데, 한때 미국의 적국이었던 일본의 역사 중에서도 요만한 한 토막을 끌어내 가지고 다윈 진화의 핵심을 이렇게 멋들어지게 이야기할 수 있느냐, 이 말이에요. 정말 두 손 들게 되더라고요. 이래서 아마 세이건을 위대한 '사이언스 커뮤니케이터'라 부를 겁니다. 그리고 사실 이렇게 할 수 있으려면 과학만 해서 되겠어요? 그렇지요, 철학을 해야 됩니다. (객석 박수) 아무튼 결론이 뭔가 하면, 다윈 진화에서 변이의 속도가 놀랍도록 빠르다는 겁니다. 다만 우리가 그 변화에 주의를 기울이지 않을 뿐이라는 것이죠. 그런데 이게 끝이 아닙니다. 세이건은 이 생명 진화 이야기를 어디로 끌고 가려고 했던 걸까요? 그건 바로 만약 외계에 생명이 있다고 한다면 그들도 굉장히 빠른 시간 안에 높은 수준의 문명을 이룰 수 있다는 거예요. 이 얼마나 설득력이 있어요! 『코스모스』는 모든 장이 이런 식입니다. 읽으면서 이런 거 못 느끼셨어요? (객석 웃음)

사무라이 게를 보여 줌으로써 다윈 진화를 현실로 받아들이게 한 다음, 지금도 여전히 반대하는 사람들이 있긴 하지만, 돌연변이와 자연 선택으로 진화의 핵심을 멋지게 설명합니다. 그리고 현대 과학이 알아낸 지구 생명의 기원과 진화를 이야기함으로써 외계 생명의 존재를 기정사실로 거의 받아들이게끔 합니다. 외계 행성이며 외계 생명이 지금은 여러분에게 아주 뻔한 이야기로 들릴지 모르지만, 당시는 1980년이었습니다. 그때는 외계에 행성이 있는지조차 과학적으로, 천문학적으로 증명되지 않았던 시기였습니다. 외계 행성의 존재를 구체적으로, "아, 저기 행성이 있어." 이렇게 말하게 된 건 2000년대 들어와서입니다.

그러니까 세이건은 정말 배짱이 좋은 사람이죠. 이런 주장을 멋들어지게 할 수 있으니까 말이지요. 우리는 논문을 쓴다고 해도 누구한테 비판받을까 봐 부들부들 떱니다. 이게 우리 교육의 엄청난 핸디캡입니다. 정답만 가르쳤으니까, 그렇지요. 정답, 그것도 가르친 게 아니라 고르게 했잖습니까? 우리의 과학 저술도 이렇게 되어야 할 거예요. 그 전에 교육이 먼저 이렇게 바뀌어야 할 거예요. 세이건의 글은 우리 교육의 미래를 보여 주는 '오래된 미래'이기도 합니다.

이 2장은 1장과 달리 생물학이 주를 이룹니다. 진화 이야기를 하니까 생물학, 고생물학이 8할이에요. 『코스모스』의 첫 장을 지극히 개인적일 수밖에 없는 아주 사소한 뉴욕 시립 도서관 사건으로 열어서 우주의 구조적인 얼개를 보여 주는가 싶더니, 껑충 어디로 넘어갔는가 하면, 생명 과학 분야로 갔어요. 다윈 진화의 핵심을 일본 역사의 한 토막으로 제시했습니다. 여기서 이 흐름에 주목해 보세요. 개인적인 이야기를 하다가 우주로 갔다가 생물로 뛰어와 역사로 가고, 정신없지요. 이렇게 해서 내리는 결론을 보세요. 정말 미치겠어요. 외계 생명의 존재 가능성, 이걸 떡하니 내놓는단 말이에요. 이게 상상이 되세요? 이런 식으로 그가 '사실'에서 찾아내는 '진실'은 그만의 고유한 창조적 산물입니다. 독자가 정신을 차릴 수 없도록 하는 현란한 스토리텔링 기법에 옮긴이인 저는 정말 혀를 내두를 수밖에 없었습니다.

이렇게 『코스모스』는 1장을 천문학으로 장식하고 2장에서는 생물학을 이야기합니다. 그런데 우리나라 초등, 중등 학생들에게, "학교에서 배우는 과학 중에 제일 재미있는 주제가 뭐냐?"라고 물으면, 뭐라고 대답하는지 아세요? "물리요!"라고 하는 그런 애는 없어요. (객석 웃음) "화학이요!"도 거의 없어요. 여기 계신 '물리' 전공한 분들 속 좀 상하실 거예요. 학생들이 뭐라고 대답하는가 하면, "천문"이라고 해요, 천문학. 그다음으로 많이 나오는 대답이 "생물"입니다. 특히 생물은 여학생 절대 다수가 좋아합니다. 그러니까 우리가 학교에서 가르치고 있는 과학 중에서 가장 재미있는 걸 손꼽아라 하면, 천문학이라는 거예요. 그렇지요? 그다음은 우리 자신이 속해 있는 생물을 다루는 생물학이고요.

그러니 이게 얼마나 기가 막혀요? 세이건의 안목이! 제일 먼저 천문학 이야기를 떡하니 하고 나서 바로 생물학으로 뛰어 넘어가는 거예요. 그러니 이 책을 잡았다 하면 손에서 놓을 수가 있겠어요? 오늘 댁에 돌아가서 『코스모스』를 다시 읽어 보고 싶은 분들, 아마 가장 재미있어 하는 과학이 천문학과 생물학일 겁니다. 그러니까 이 책이 거둔 성공의 핵심 비결이 바로 여기에 있는 겁니다. 이렇게 이야기를 풀어내다가는 오늘 밤을 새도 다 못 해요. (객석 웃음) 그리고 아마 여러분 중에 어떤 분은 오늘 다시 읽고 자신만의 이런 발표 자료를 만드시겠지요.

◎3장. 지상과 천상의 하모니: 천문학 9 + 고대사 1

3장으로 넘어가면, 이 제목도 정말 멋져요. "지상과 천상의 하모니"예요. 정말 번역하기 어렵더라고요. 이 책에서 번역하기 제일 어려웠던 부분은 매 장마다 처음에 나오는 인용문이었습니다. 이거 정말 번역하기 어려웠어요. 그다음은 제목을 번역하기가 무척 어려웠습니다. 이 양반이 어떻게 이렇게 찾아냈는지 모르겠습니다.

이 장에서는 천문학을 통해, 인류의 우주관이 어떻게 변천했는지 이야기하는데, 여기서 '우주관'이라는 건 태양계에 제한된 우주관입니다. 그러니까 천동설, 지동설, 그런 걸 이야기합니다. 인류의 하늘을 향한 염원이 행성 운동의 비밀을 파헤치게 해서 결국 뭘 찾아내게 되죠? 케플러 법칙을 지나서 뉴턴의 만유인력 법칙을 알아내게 됩니다. 뉴턴의 만유인력 법칙을 등장시킴으로써, 그때까지, 아니 고대나 지금도 그렇습니다만, 인간의 사유 체계를 굉장히 강하게 지배하고 있었던 미신과 종교, 이것들을 때려 부숴야 한다는 그런 이야기를 합니다.

세이건은 정말 종교를 싫어해요. 제게는 이게 세이건의 감점 요인이에요. 저는 이것 때문에 세이건에게 100점은 안 줘요. 한 85점은 주겠어요.

이 장은 천문학이 9에, 고대사가 1입니다. 여기서 세이건이 동원한 수법도 앞 장과 같습니다. 사실에서 진실 찾기. 여기도 좀 보세요. 얼마나 멋지게 들어가는지. 밤하늘, 태양계, 우주관의 변천, 행성 운동의 시계열(時系列) 데이터. 이 데이터를 누가 만들었어요? 튀코 브라헤(Tycho Brahe)가 20년에 걸쳐 관측한 것 아니겠어요? 그걸 요하네스 케플러(Johannes Kepler)라는, 수학적 재능을 가진 유능한 천재가 '케플러의 법칙'이라는 세 가지 법칙으로 정리했지요. 그리고 이걸 뉴턴이 뭐로 바꿔요? 만유인력 법칙으로 바꿉니다.

강의 자료에는 안 썼지만, 이 이야기는 꼭 해야겠습니다. 뉴턴이 자신의 『프린키피아(*Principia*)』에서 만유인력 법칙을 제시하면서 단 한 마디도 케플러에 대한 언급을 하지 않았습니다. 칼 세이건도 『코스모스』에서 이 문제를 지적했으니 여러분도 다 아시겠지요. 천재 뉴턴의 머릿속에 갑자기 뭔가가 떠올라서 거리 제곱에 반비례하고 어쩌고 저쩌고 하는 법칙이 타다닥 나온 걸로 돼 있고, 케플러 이야기는 한마디도 없죠. 그런데 이건 케플러의 제3법칙을 베낀 거예요. 케플러의 제3법칙을 조금만 다르게 쓰면 그게 바로 뉴턴의 만유인력 법칙이 돼요. 물론 케플러는 자신의 경험 법칙을 경험 법칙으로만 제시했을 뿐이지, 그것이 가지고 있는 한 차원 높은 의미를 내보이지는 못했습니다. 그러나 뉴턴은 케플러의 제3법칙, 즉 조화의 법칙 덕분에 자신의 만유인력 법칙을 끄집어낼 수 있었던 겁니다.

이게 어디에서 탄로 났는가 하면, 뉴턴이 자신의 친구에게 쓴 편지에서 드러났어요. 뉴턴에게는 불행하게도. (객석 웃음) 뉴턴이 그 편지에서 뭐라고 썼는가 하면, "내가 케플러의 제3법칙을 이렇게 바꾸니까 이게 되더라." 이게 남아 있었던 거예요. 그럼에도 불구하고 케플러에게 고마움을 표시하지 않았어요. 참 치사하지요. 정말 치사해요. 공부 잘하는 사람들이 좀 치사한 구석이 있습니다. (객석 웃음) 이따가 K 박사가 자기는 공부 못했다고 자꾸 그럴 거예요. 그게 무슨 소리인지 알아들으셔야 합니다. (객석 웃음)

◎4장. 천국과 지옥: 천문학 9 + 정치학 1

4장 "천국과 지옥", 이 제목도 멋지지요. 퉁그스카 사건, 이건 시베리아에 혜성이 떨어진 거예요. 혜성과 운석이 지구에 충돌하는 사건들, 달 표면의 무수한 운석 구덩이 등을 보여 줌으로써 행성 지구가 우주로부터의 위협에 얼마나 취약한 존재인가를 일깨워 줍니다. 정말 취약합니다. 동시에 푸른 물의 행성인 지구가 인간의 잘못으로 지옥의 금성이 될 수 있음을 경고합니다. 지구, 금성, 화성을 서로 대비하면서 독자로 하여금 환경 보호의 필요성을 절감하게 합니다.

이것 또한 놀라운 발상입니다. 우주를 이야기하다가 지구로 와서 환경을 이야기해요. 그러면 언뜻 생각하기에, 지구 환경에서 생명으로 바로 연결될 것 같잖아요, 그렇지요? 생물 종이 지금 이렇고 저렇고, 이런 이야기가 필요할 것 같은데, 이 양반은 그게 아니라 뭘 이야기하는가 하면, '지구가 얼마나 연약한 존재냐?' 이걸 보여 준단 말이에요. '너희가 잘못하면 지구가 이 꼴 난다. 그러니 어떻게 해야 하지? 지구 환경을 보존할 책임이 우리에게 있으니 정신 바짝 차려야 된다.' 논지가 이렇게 이어지는 겁니다.

사실 잘 따져보면, 지구인들이 환경 보호의 필요성을 절감하게 된 거는 1972년부터인가, 아마 그래요. 당시에 아폴로 계획이 끝났잖아요. 전적으로 정치적인 목적에서 시작했다가 전적으로 정치적인 이유에서 끝났습니다. 그러자 과학자들이 스웨덴의 수도 스톡홀름에 모여서 아폴로 프로젝트 자체에 대한 반성의 기회를 가졌습니다. 유엔 인간 환경 회의 말이지요. 거기에서 최초로 우주인이 지구 바깥으로 나가서 찍은 지구 사진이 공개됐습니다.• 여러분도 다 보셨지요? 푸른 행성 사진. 그걸 보는 순간, 사람들의 입에서 자동적으로 나온 첫 마디가 "오, 프래자일(fragile, 부서지기 쉬운)"이었어요. 즉 움켜쥐면 금방 깨질 것 같은, 떨구면 박살이 날 것 같은 그 연약한 존재인 푸른 행성이 새카만 배경인 우주 속에 그냥 혼자 떠 있었던 거예요. 지구를 총체적으로 볼 수 있게 한 최초의 자료는 외계에 나가서 찍은 바로 이 사진이었습니다. 그러니 이게 무슨 뜻이죠? 지구를 글로벌한 시각에서 보게 된 계기가 천문학이었다는 말씀입니다.

사람들이 흔히 그래요. 먹고사는 데 아무 상관도 없는 천문학, 뭐 그런 걸 하느냐고. 그런데 아니, 천문학이 이런 걸 해 주는데 이게 상관이 없어요? 인간이 가지고 있는 사고의 근본을 뒤흔들어 놓을

달에서 본 지구. ©NASA.

수 있는 학문, 이게 천문학입니다. 그래서 1972년 이때부터 환경 보호의 물결이 정말 요원의 불길같이 퍼지기 시작했습니다. 전 지구적으로 말이죠.

◎5장. 붉은 행성을 위한 블루스:
천문학 6 + 생물학 3 + 우주 항공학 1

“붉은 행성을 위한 블루스”, 이 제목도 참 멋지잖아요? 블루스. 제가 강의 자료에 이 제목을 앞의 제목들과 다르게 빨갛게 표시했습니다. 제가 이 화성에 대한 책을 쓰고 싶어서 그런 거예요.

예로부터 화성은 미신과 공상의 대상이었습니다. 그런데 세이건은 선배 학자들의 화성에 대한 열정과 탐구 노력을 이야기하고 당시 진행 중이던 화성 탐사 계획을 설명했습니다. 그리고 울프 블라디미르 비시니액(Wolf Vladimir Vishniac, 1922~1973년)의 극한 생물 연구의 의미를 강조했습니다. 비시니액은 아마 칼 세이건의 가까운 친구였던 것 같아요. 비시니액은 생물학자입니다.

미국에서 대규모 우주 탐사 계획이 추진되면, 과학자들이 저마다 제안서를 제출해서, 그 프로젝트에서 내가 이런 걸 연구하겠습니다 하고 제안합니다. 그러면 자기들끼리 싸움이 붙게 되지요. 자기들끼리 이게 가치가 있느냐 없느냐 평가를 해서 떨어뜨리는데, 그러고 나면 선정된 몇 개의 제안서만 재정 지원을 받아서 탐사 계획에 끼게 되는 겁니다.

그런데 비시니액의 프로젝트가 떨어진 거예요. 이 사람이 뭘 하겠다고 했다가 떨어졌나 하면, 바이킹 계획이 화성에 생명이 있는지 없는지 이런 걸 알아보러 가는 거니까, 생명이 정말 화성과 같은 극한 상황에서도 존재하는지를 화성 말고 지구에서부터 먼저 찾아봐야 한다고 그랬던 겁니다. 그래서 남극에 가야 한다고 했죠. 거기가 얼마나 극한적인 환경입니까?

그런데 이 양반은 자기 제안서가 떨어졌음에도 불구하고 남극에다 자신의 실험 장비들을 설치하는 일을 했어요. 떨어졌음에도 불구하고! 이 양반, 정말 알고 싶었던 거지요, 그렇지요? 과학 하는 사람들은 이게 '병폐'입니다. (객석 웃음) 자기가 죽는지 사는지도 모르고 이런 걸 하러 가는 겁니다. 천문학자들은 밤을 꼬박 새우며 이런 식으로 별을 봅니다. 비시니액은 남극의 빙하에 가서 자신의 실험을 하다가 실족해서 죽어 버렸어요. 이 사람 못 찾았습니다. 비극으로 끝나고 말았지요. 이 장에서는 비극으로 끝난 이 사건을 이야기하면서 과학자끼리의 뭐랄까, 애증이라고 할까, 애정이라고 할까, 이게 진하게 묻어나게끔 설명하고 있습니다. 참 짠하더라고요.

그런데 요즘에는 '극한 생물학'이라는 특별한 분야의 학문이 있습니다. 말하자면 무지 짠 데, 독성이 무척 강한 데, 무지 추운 데, 지독하게 뜨거운 데, 압력이 상상도 할 수 없을 정도로 높은 데, 그런 데서도 생명이 존재하느냐 등에 관해 연구하는 겁니다. 이게 아주 대단한 분야예요. 새로운 분야로 뜨고 있지요. 2000년엔가는《애스트로 바이올로지(*Astrobiology*)》라는 '우주 생물학'을 다루는 학술지가 탄생했습니다. 이런 연구가 굉장히 활발하게 이루어지고 있습니다.

◎6장. 여행자가 들려준 이야기: 천문학 8 + 역사학 1 + 지리학 1
"여행자가 들려준 이야기"에서 '여행자'는 물론 마르코 폴로가 아니라 우주를 여행한 친구겠지요. 우주를 누가 여행했어요? 사람이 아니라 로봇, 보이저 우주선이 갔잖아요, 그렇지요? 그래서 보이저 우주선이 찍은 사진을 보여 주는 겁니다.

◎7장. 밤하늘의 등뼈: 천문학 7 + 과학사 2 + 고대사 1
여기서는 인류가 지구상에 발을 붙이기 시작한 이래 고대 그리스 시대까지 있었던 우주관의 변천사를 비교적 소상하게 다룹니다. 이렇게 함으로써 인류가 하늘에 대해 얼마나 깊은 관심을 갖고 끊임없이 자신의 정체를 물어 왔는가 하는 걸 느끼게 해 줍니다.

◎8장. 시간과 공간을 가르는 여행:
천문학 6 + 물리학 2 + 우주 항공학 2
"시간과 공간을 가르는 여행", 제목이 이렇게 나왔으니 시공간 이야기가 들어오고, 그러면 자연적으로 어떻게 돼요? 아인슈타인의 일반 상대성 이론이 나오는 겁니다. 이렇게 이야기를 이어 가는 칼 세이건의 재주가 대단해요. 우주 여행의 지침이 될 상대성 이론에 대해서 알아보는데, 이 짧은 한 장(章) 안에서 그 이론의 핵심을 찔러 이야기해 줍니다. 이 시공간의 문제에 대해 시간과 공간이 서로 떨어질 수 없다는 걸 이야기합니다. 제가 강의 자료에 이렇게 썼어요. "Sagan remains as one of the greatest science communicators." "세이건은 여전히 가장 위대한 사이언스 커뮤니케이터 중 하나다." 하는 뜻이지요. 오늘 이 자리에도 아마 훌륭한 사이언스 커뮤니케이터들이 계실 것 같습니다. 정말 세이건은 그런 양반입니다. 과학을 쉽게 이야기해 주죠. 시간과 공간이 별개의 것으로 분리될 수 없음을 설명한 다음에는, 우주 여행을 실현하기 위하여 우주 항공학이 해결해야 할 문제가 무엇인지 제시합니다. 정말 거대한 스케일의 우주로의 여행, 이것의 문을 여는 겁니다. 우선 정신적으로 말이죠.

최근에 정말 선풍적인 인기를 끌었던 「인터스텔라(Interstellar)」(2014년)라는 영화가 있잖아요? 「인터스텔라」를 제가 보면서 뭘 느꼈는가 하면, '아, 이 영화의 모티프는 세이건의 『콘택트(*Contact*)』(1985년)구나!' 그런 생각이 들었어요. 여러분 중에도 동의하시는 분들 상당히 많을 겁니다. 그런데 세이건은 이걸 30년 전에 한 거예요. 그래서 저는 세이건을 '비저너리(visionary, 선견자)'라고 부릅니다.

◎9장. 별들의 삶과 죽음: 천문학 8 + 물리학 1 + 고대사 1

"별들의 삶과 죽음", 아, 이건 이야기를 안 할 수가 없네요. 이건 뭐냐 하면, 별의 진화 이야기입니다. 별이 태어나서 죽을 때까지의 일생,

아니 성생(星生)을 이야기합니다. 초신성도 나오는데, 우리나라에 세계적인 초신성 대가가 있습니다. 한국 천문학이 천문학자 수는 적습니다. 하지만 지금 활발하게 활동하고 있는 한국의 프로 천문학자들이 200명 남짓 될 겁니다. 그런데 이분들이 다 국제적인 수준의 인물들입니다. 참, 어떻게 우리의 천문학이 이렇게 놀라울 정도로 빨리 발달하는지 잘 모르겠어요. 이분들은 아무 소리도 안 해요. 찍소리를 안 하고 연구만 해요. (객석 웃음) 그래요, 말하자면 신약을 발명했다 하는 식으로 나와서 떠들지 않아요. 그냥 연구실에 들러붙어서 연구만 해요. 그렇지만 한국 천문학자들이 써 내는 논문의 질적 수준은 정말 세계적입니다.

제가 나이를 먹었기 때문에 이런 이야기를 해도 괜찮을 거예요. 누구한테 욕 안 먹을 거예요. 그게 몇 년도인지 기억이 확실하진 않은데, 아마 1999년인가 그래요. 누가 논문을 쓰면 그 논문을 다른 사람이 몇 회나 인용하느냐, 이걸 따지잖아요. 이런 걸 따지는 건 정말 치사해요. 제 경험으로는, 연구비 받아서 하는 연구는 인용이 잘 안 돼요. 연구비 한 푼도 안 받고 갑자기 생각이 나서 한 건 굉장히 인용이 잘 돼요. 이건 제 얘기입니다. 어떻든 한 나라의 과학자들이 발표하는 논문의 질적 수준을 평균 인용 지수로, 피인용 지수(Science Citation Index, SCI)로 저울질할 수 있겠지요, 그렇지요?

그래서 저울질해 봤더니, 국내에 있는 천문학자들이 국제 학술지에 발표하는 논문의 피인용 지수의 평균값하고, 미국 천문학자들의 피인용 지수의 평균값하고 어느 쪽이 높았을까요? 미국이 높다고 대답해 보세요. 얼마나 높을 것 같아요? (객석 "많이요.") 많이 높을 것 같아요? 미국 천문학자들이 쓴 논문의 피인용 지수의 값을 1이라고 할 때, 한국 천문자들이 쓴 논문의 피인용 지수의 값은 0.96입니다. (객석 환호와 박수) 고맙습니다. 이 양반들은 찍소리 안 해요. 정말 신문에다 대고 뭐 해 냈다, 이런 이야기 잘 안 해요. 이런 거는 사실, 제가 해야 돼요. 저는 이제 떠날 사람이니까. 그리고 천문학이라는 학문은 본래 국경이 없잖아요? 그러니까 애초부터 국내용이라는 게 있을 수가 없어요. 애초부터 천문학은 국제용이었어요.

너무 딴소리를 했는데, 이 장에서는 항성 진화의 최종 산물이 초기 질량에 따라 크게 다르다는 이야기를 합니다. 어떤 것은 초신성으로 폭발하고 또 어떤 건 중성자별이 되고 그럽니다. 그러면서 뭔가가 바뀌는 거예요. 수소가 헬륨으로 바뀌고 헬륨이 원자 번호가 높은 원소로 바뀌는 과정이 반복되며 철까지 만들어지고, 철보다 더 무거운 원소는 또 어떻게 만들어지는지 이런 이야기를 하는 겁니다. 제가 어렸을 때 이건 잘 몰랐는데요, 하여간 제가 천문학을 공부하는 과정에서 저에게 가장 큰 충격으로 다가왔던 천문학적인 사실이 바로 이겁니다. 핵융합 반응을 통해서 중원소(重元素), 그러니까 무거운 원소가 만들어진다는 사실. 우리 몸을 구성하는 중원소들도 있긴 한데, 천문학자들에게는 헬륨보다 원자 번호가 큰 건 전부 중원소예요. 동노크지요. (객석 웃음) 물론 우리 몸을 구성하고 있는 원소들에는 중원소

외에 수소도 있고, 헬륨도 일부 있고, 그렇지요.

이 중원소들은 원소 알갱이 하나하나가 다 어디에서 만들어졌어요? 별의 중심부에서 만들어졌다는 거예요. 별의 중심부가 아니더라도, 초신성이 터질 때도 만들어집니다. 따라서 여러분은 별에서 오셨습니다. (객석 웃음) 그런 의미에서 우주와 인간은 하나입니다. 시적이지요. 그래야 제가 도망갈 여지가 있습니다. 그런데 더욱 놀라운 건 이렇게 만들어진 중원소들의 거의 전량이 성간 티끌(interstellar dust/grain)이라고 하는, 반지름 0.1마이크로미터 수준의 고체 입자들에 다 뭉쳐 있다는 사실입니다. 물론 중원소 중에서 C(carbon), N(nitrogen), O(oxygen), 즉 탄소, 질소, 산소, 이건 좀 다릅니다. 이건 반 정도가 고체 입자에 묶여 있어요.

요컨대, 우리 몸을 구성하고 있는 모든 중원소들이 성간 티끌에서 왔다는 겁니다. 무지하게 작은 고체 입자에서 온 겁니다. 지구가 그걸로 만들어졌어요. 그래서 천주교에서는 사순절을 여는 '재의 수요일(Ash Wendnesday)'에 뭘 합니까? 신부님이 신자들의 머리에 재를 발라 주면서 뭐라고 그래요? "너는 흙에서 왔으니 흙으로 돌아가라. 재에서 왔으니 재로 돌아가라." 죽음을 준비시킵니다. 이게 과학적으로도 정확한 소리예요, 정확한 소리!

그래서 이 두 가지 사실이 저에게 아주 큰 충격으로 다가오더라고요. 이걸 느끼면 우리가 삶과 죽음을 보는 눈이 조금은 달라질 수 있습니다. 이 장 "별들의 삶과 죽음"을 보시면 그런 이야기들을, 그런 걸 느낄 수 있을 겁니다.

◎10장. 영원의 벼랑 끝: 천문학 9 + 고대사 1
"영원의 벼랑 끝"에서는 은하들의 세상을 둘러봄으로써 우주가 격동의 현장임을 알게 하고, 대폭발로 열리게 된 시공간, 즉 우주의 미래를 가늠하기 위하여 현대 천문학이 추구하는 연구의 핵심을 이야기합니다. 팽창 우주냐 아니냐, 그런 이야기가 나옵니다.

◎11장. 미래로 띄운 편지: 생물학 8 + 역사학 1 + 천문학 1
"미래로 띄운 편지." 아, 이 제목도 얼마나 멋져요! 그거 누구 책이지요? 헬레나 노르베리 호지가 쓴 『오래된 미래』, 그런 책 있잖아요? 아, 그 제목도 참 멋지더라고요. 어떻게 그런 걸 찾아내는지, 발상을 해 내는지 모르겠어요.

인류는 오랜 진화의 과정을 거쳐서 DNA와 뇌에 많은 정보를 축적해 올 수 있었습니다. 그리고 도서관이라는 제도를 개발하여 인류의 공동 문화 유산을 저장하기 시작했습니다. 우리가 외계에 존재하는 외계인들과 기억의 공간을 공유할 수 있다면 엄청난 일이 일어날 것 같지 않으세요? 아니, 여러분은 안 그럴 것 같아요? (객석 웃음) 제가 무슨 이야기를 하고 있는지 아시겠지요? (객석 "예.") 저들과 커뮤니케이션을 해야겠지요? 외계인들과 어떻게든지 해야 될 거예요. 그러면 우리의 삶이 근본적으로 바뀔 거예요. 저는 제일 먼저 물어

보고 싶은 게 있어요. "너희들한테도 신이 있냐?" 저는 이걸 제일 먼저 알아보고 싶어요. 그게 정말 궁금해요.

◎ 12장. 은하 대백과사전:
과학사 1 + 역사학 1 + 정치학 1 + 천문학 7

"은하 대백과사전", 제가 보기에 이건 좀 질이 떨어지는 장이에요. 그래서 제가 여기 강의 자료에 빨간 글자로 표시했어요. (객석 웃음) 책의 질적 농도가 정말 100퍼센트 균일하게는 안 되는 것 같더라고요. 하여간 내용은 이런 겁니다. 외계 지적 생명체의 존재 가능성을 가늠하고 UFO(미확인 비행 물체)의 정체를 묻습니다. 지구 문명의 발달 과정을 돌아봄으로써 외계 문명의 존재 가능성을 점치고 그들을 찾으려는 인류의 노력을 설명하고 있습니다. 그래서 이 장은 천(天)과 지(地), 하늘과 땅의 소통입니다.

◎ 13장. 누가 우리 지구를 대변해 줄까?:
정치학 4 + 과학사 1 + 심리학 1 + 생물학 2 + 천문학 2

이 장이 마지막 장입니다. "누가 우리 지구를 대변해 줄까?" 감히 이런 생각을 해 보신 분 계십니까?

제가 미국에서 대학원생 시절을 보냈는데, 미국 사람들이 그런 이야기를 하더라고요. "이야, 미국이 죽으면 어디다 갖다 묻지?" 이게 무슨 소리인가 하면, 미국에 살고 있는 젊은 애들, 대학생들조차도 미국이라는 나라를 미국 땅덩이에 한정해서 보지 않고 지구라는 글로벌 플래닛(global planet)의 한 지역으로 본다는 말이에요! 이게 얼마나 폭이 넓어요! 그런데 이 장 "누가 우리 지구를 대변해 줄까?"는 그 사고의 폭이 어디까지 넓어진 겁니까? 우주까지 간 겁니다.

여기서는 지구 문명이 당면한 전역적인 문제(global problem), 전역적인 위기(global crisis)의 심각성을 논합니다. 그리고 끊임없는 지역 분쟁, 지금도 그렇습니다만, 우리 머리를 짓누르는 가공할 핵무기의 공포, 지구 환경의 악화 등을 돌아봄으로써 지구 문명의 미래가 암울하다는 사실을 독자에게 일깨워 줍니다. 하지만 우리가 마음만 고쳐먹으면 우리의 손으로 아름다운 미래를 가꿀 수 있다고 역설합니다. 주로 사용하는 논지가 뭔가 하면, 미국 국방부에서 쓰는 예산 규모하고, 인류의 안녕과 미래를 위해 필요한 투자 액수를 비교해 보면, 후자는 아무것도 아니라는 거지요. 그건 우리의 생각을 바꾸면, 북한의 최고 지도자인 김정은의 생각을 바꾸면, 그러면 금방 해결될 수 있는 문제인데 이 생각을 못 바꾸는 거예요. 저는 김정은이 세이건의 책이나 글을 좀 읽었으면 좋겠어요. (객석 웃음)

그런데 제가 여기서 사족 한 마디를 붙인다면, 전쟁의 참화, 가공할 핵무기의 출현, 지구 환경의 악화와 더불어 정말 시급한 문제는 극단으로 치닫고 있는 우리 사회의 양극화예요. 모든 분야에서 지금 양극화가 심화되고 있잖아요? 양극화 현상은 인류가 해결해야 할 매우 시급한 문제라고 저는 생각합니다. 그런데 『코스모스』에 관심을 갖고 이 좋은 시간에 여기 쭈그리고 앉아서, 아니 서서 (객석 웃음) 제 이야기를 들으시는 여러분이 있는 한 희망이 있어요. 우리가 바꿀 수 있겠지요. 양극화 문제, 해결할 수 있겠지요. 가진 자와 가지지 못한 자, 이 문제, 바뀌어야 됩니다.

◎『코스모스』: 하늘과 땅과 사람의 이야기

앞에서 내용의 비중을 점수로 매겼습니다. '생물학 8 + 고생물학 2', 이런 식으로. 그랬더니 천문학, 물리학, 항공학과 관련된 내용이 모두 84예요. 비중이 그래요. 그리고 생물학, 고생물학, 정치, 지리, 심리학, 역사, 과학사, 신화, 이것들은 얼마인가 하면 46이에요.

천문학	= 78
물리학	= 3
항공학	= 3
	= 84 → 天

생물학 + 고생물학	= 24
정치학 + 지리학 + 심리학	= 8
역사학 + 과학사	= 9
고대사 + 신화	= 5
	= 46 → 地 + 人

위 84는 하늘의 이야기지요? 아래 46은 땅과 사람의 이야기입니다. 이 책은 하늘과 땅과 사람의 이야기인 겁니다.

그런데 이렇게 나눠 놓고 보니까, 이것도 제가 몹쓸 짓을 한 거예요. 왜냐하면 애초부터 『코스모스』의 내용을 이렇게 나눌 일이 아니었습니다. 분야에 벽을 치는 건 우리네 부질없는 짓거리였을 뿐입니다. 세이건이 구사하는 기법을 볼 것 같으면, 세이건에게는 분야의 벽이 애초부터 없었던 게 아닌가요? 그런데 제가 주제넘게 이런 짓을 한 겁니다.

세이건의 『코스모스』는 결국 인간과 우주 그리고 인문과 자연의 이야기였던 겁니다. 이것들을 마음대로 넘나든 거예요. 세이건은 대작 『코스모스』를 저술함으로써, 침묵하던 자연이 굳게 다문 입을 열게 해서 스스로 자신의 속사정을 우리에게 들려주게 했던 것입니다. 참 멋져요. 그리하여 『코스모스』가 우주에서의 인류 문명의 현재와 미래를 묻는, 우리네 삶의 근본 문제를 다루는 하나의 고전으로서 스스로 자리매김할 수 있게 됐습니다. (객석 박수)

번역 후: '홍승수의 변신'은 무죄다

『코스모스』 번역 후 저 자신도 좀 변하게 됐습니다. 그걸 몇 가지로 정리해 말씀드리겠습니다. 우선 너무 늦었지만 시를 읽고 한자와 동양 고전을 공부하겠다는 결심을 세우게 됐습니다.

저를 가르쳐 주신 은사 중에 소남(召南) 유경로 교수님이 계신데 1997년에 작고하셨습니다. 제가 서울대학교에 부임한 지 몇 년 안 됐을 땐데, 연구비 제도가 생겨서 연구비를 신청하라는 거예요. 그래서 연구 계획서를 썼어요. 그때 연구비가 어느 정도였는지 여러분은 추측하실 수 있겠어요? 한번 말씀해 보세요, 어느 정도였을까요? (객석 "100만 원.") 100만 원? 200만 원! 200만 원 줄 테니까 연구 계획서 써서 제출하래요. 그러면 심사해서 제대로 된 계획서에 지원을 하겠다는 겁니다. 그걸 받겠다고 계획서를 썼어요. 그것도 저 혼자 하겠다고 그러지 않고 과에 계신 교수님들을 모시고 같이 하겠다고 하면서 계획서를 썼어요. 유경로 교수님한테 이걸 한번 봐 주십시오, 하면서 계획서를 들고 갔거든요. 그랬더니 유 교수님이 그걸 읽으시더니 "자네, 시를 좀 읽어야겠어." 이러시는 거예요. "이게 한국말이야?" (객석 웃음) 시를 읽어야 된다는 거예요, 시를! 시도 한시(漢詩)를 많이 읽으라고 하시더라고요, 한시를!

제가 좀 성질이 못된 사람입니다. 이따가 저 제자 양반들이 저에 대해 못된 이야기할 테니까 들어보세요. 그런데 이걸 아시는 은사께서는 저한테 "그리고 말이야, 자네. 『논어』를 좀 읽어야 돼, 『논어』." 그러시더라고요. 그래서 저는 사실 『논어』를 열심히 읽기는 읽었습니다. 뭘 읽었는지 지금은 기억이 없지만, 하여간 『논어』를 열심히 읽었습니다. 집에 『논어』 책이 여러 권 있기도 했고. 그리고 시를 열심히 읽었습니다. 한시는 열심히 못 읽었습니다. 그냥 시를 열심히 읽었습니다. 그러고 나서 어떻게 됐는가 하면, 이 『코스모스』를 번역하면서 저의 무지를 철저하게 알았던 겁니다. '천문학 책만 읽어 가지고는 이거 안 되겠구나.' 하는 걸 철저하게 느꼈습니다.

그다음 변화는 천문학의 대중화를 위한 행사에 적극 참여하기로 한 것입니다. 저한테 천문학 이야기를 하러 오라고 그러는 사람이 있으면 제가 쫓아가서 이야기를 했어요. 정말 희생적으로 쫓아다니며 이야기했습니다. 돈 때문에 하지는 않았습니다. 제 차가 휘발유를 굉장히 많이 먹는 차거든요.

그리고 한국천문올림피아드위원회에서도 열과 성의를 다해 일했습니다. 봉사했습니다. 한국천문올림피아드가 한국과학문화재단이나 연구 재단, 학술 재단 등으로부터 정상적인 재정 지원을 받기 이전 시기에 제 주머니의 돈을 털어 가면서 그 일을 했습니다.

또 과학과 종교의 문제에 본격적으로 관심을 갖기로 가져 보자고 결심하게 됐죠. 여기에는 할 이야기가 또 하나 있습니다. 의외로 많은 종교인들이 과학을 '원수'로 알고 있어요. 그리고 종교를 미신으로 간주하는 과학자들도 참 많아요. 특히 기술 쪽에 그런 분들이 많아요. 칼 세이건은 후자에 속해요, 안타깝게도. 이게 제가 아까 말씀드린 대로 세이건의 큰 감점 요인입니다. 사이언스북스의 노의성 편집장이 『과학적 경험의 다양성(*The Varieties of Scientific Experience*)』이라는 칼 세이건의 저술을 번역해서 사이언스북스에서 출간을 한다고 그랬어요. 그러면서 그 번역 원고를 저한테 보내며 "당신이 세이건의 『코스모스』를 그렇게 열심히 번역했으니까, 이게 세이건이 쓴 책이니까, 당신이 여기에 서평을 좀 써라." 그러는 거예요. 그런데 이 책의 제목은 윌리엄 제임스(William James)라는 심리학자가 쓴 책과 똑같은 형식인 겁니다. 그 책이 뭔가 하면 『종교적 경험의 다양성(*The Varieties of Religious Experience*)』입니다. 1901년과 1902년 사이에 윌리엄 제임스가 영국 글래스고 대학교에서 한 '기퍼드 강연(Gifford Lecture)'에서 이야기한 것을 엮은 책이지요. 『과학적 경험의 다양성』은 세이건이 1985년에 같은 기퍼드 강연에 이야기한 것을 정리한 거예요.

제가 그 『종교적 경험의 다양성』을 읽으려고 책을 구해서 읽다가 집어던지고, 읽다가 집어던지고 했어요. 너무 힘들고 너무 어려웠어요. 결국 다 못 읽었어요. 그런데 그 책의 학문적 무게를 제가 알고 있었고, 그 책을 인용하는 사람들이 많은 것도 알고 있었기 때문에, '제목이 이렇게 비슷하니까 과학의 관점에서 종교를 본, 종교적 경험의 진짜 진수를 세이건이 보여 주려고 하는구나.'라고 생각했습니다. 그래서 저는 이렇게 제대로 알지도 못하면서 겁도 없이, 노의성 편집장이 서평을 하라고 하니까 그런 책으로 생각하고 읽었어요. 아니, 그랬더니 이게 뭡니까? 정말 초등학교 수준의 종교관을 가지고 종교가 잘못됐다고 막 욕하는 책이었어요. 여기 그 책 가진 분 계시지요? 예. 하지만 모르겠어요. 이런 제 평가에 동의하실지 모르겠어요.

아무튼 저는 그 책의 장마다, 세이건이 주장한 바의 허구성을 일일이 논의하는 서평을 썼어요. (객석 웃음) 그러고 나서 노의성 편집장한테 보냈어요. (객석 웃음) 그랬더니 이 양반이 한참 지난 후에 머리를 긁적긁적하면서 책에다가 못 붙였다는 거예요. 시간이 어쩌고 뭐. (객석 웃음) 여기 계시지요? 손 좀 들고 고백해요. 밖으로 도망갔네요. (객석 웃음)

아, 정말 유치해요, 세이건이 가지고 있는 종교관이. 특히 기독교를 아주 질타하고 있더라고요. 그러니까 기독교에서 사용하고 있는 '수법'의 유치함 있잖아요, 그걸 집중적으로 질타하더라고요. 하지만 그건 수법일 뿐이지, 기독교 자체가 가지고 있는 본질적인 문제는 아니잖아요? 종교를 본질에서 봐야 할 텐데 세이건은 그렇게 보지 않았더라고요. 이건 되게 실망했어요.

마지막으로 오늘의 젊은이들에게 지구의 미래를 걱정할 줄 알게 해야겠다는 생각을 가지게 됐습니다. 서울대학교의 핵심 교양 교과목으로 "외계 행성과 생명"을 개발해 교육함으로써 오늘의 젊은이들에게 지구의 미래를 걱정할 줄 알게 해야겠다고 생각했습니다. 여기까지가 『코스모스』 번역 후 '홍승수의 변신'의 전말입니다. 이제 여러분의 눈에 세이건의 『코스모스』가 다르게 보이면 좋겠습니다. (객석 박수)

백자철화수뉴문병. 국립중앙박물관 소장.

이태백, 조선 도공, 그리고 세이건

'다르게 보인다.', 이게 어떤 의미인지, 강의를 마치면서 몇 가지 이야기를 여러분과 나눠 보겠습니다. 왼쪽 사진을 보시죠. 사진의 이 병 보신 적 있는 분 한번 손들어 보세요. 예, 고맙습니다. 이게 아마 교과서에도, 미술 교과서에도 나왔지 싶습니다. 크기가 얼마 안 돼요. 30센티미터 정도 되는 이만 한 작은 병이에요. 그리고 이걸 우리끼리, 무식한 우리끼리 뭐라고 불렀는가 하면, '넥타이 맨 병', 그렇게 불렀어요. 어디, 그렇게 보이나요? 여기 목에다 넥타이를 매고 있죠? 넥타이를 매려면 제대로 매든지, 이 꽁지가 어째 꼬부랑 이상하고, 넥타이 굵기도 들쑥날쑥하고, 좀 그래요.

그런데 저기 설명을 읽어 보면 굉장히 유명한 작품이더라고요. 무지무지하게 유명한 작품이더라고요. 국립중앙박물관에 여러 해 전에 가서 봤더니 딱 이렇게 적혀 있었어요.

백자철화수뉴문병(白磁鐵畵垂紐紋甁)
조선: 15세기 후반
높이: 31.4센티미터
소장: 국립중앙박물관

이걸 좀 더 자세히 살펴볼까요. 우선 '백자'예요, 이건 뭐 아시겠고. '철화', 이건 안료가 철로 된 거라는 말이지요, 그렇지요? 넥타이와 색을 낸 안료가. 그다음은 '수뉴문'이에요. '문'은 패턴이나 무늬라는 이야기지요. 그리고 '수'는 수직으로 떨어진 거고, '뉴'는 뭐예요? 끈이에요, 끈. 그러니까 끈을 수직으로 늘어뜨린 문양을 가진 백자인데, 안료는 산화철을 이용했다, 그런 내용입니다.

지금 말씀드린 정보가 여러분에게 무슨 도움이 됩니까? 아니 뭐, 조금이라도 도움이 되기는 되겠지요. 도대체 이게 몇 년이나 오래된 거냐, 한 500년은 된 거다, 이런 정보가 필요하겠지요. 그렇지만 저한테는 그런 정보가 울림이 없어요. 그런데 말이지요, 시성(詩聖) 이백(李白)에게 이런 시가 있다는 겁니다.

술을 기다리며(待酒不至)

흰 구슬 병에 파란 끈을 매고,(玉壺繫青絲)
술 사러 갔다 오는데 어찌 이리도 늦나.(沽酒來何遲)
산에 핀 꽃 나를 향해 웃음 짓고 있으니,(山花向我笑)
술잔 기울이기엔 마침 좋은 때라.(正好銜杯時)

날 저물어 동산 아래서 술 마시니,(晚酌東山下)
날아다니는 꾀꼬리가 여기에도 있구나.(流鶯復在玆)
봄바람과 취객이,(春風與醉客)

오늘이야말로 잘 어울리누나.(今日乃相宜)

'술을 기다리며' 술이 고픈 거예요. (객석 웃음) "하하" 하시는 분들은 제 이야기를 알아들으신 겁니다. 술이 무척 고팠던 거예요. "흰 구슬 병에 파란 끈을 매고 술 사러 갔다 오는데 어찌 이리도 늦나." 동자를 시켜서 술 사오라고 그랬던 모양입니다. 그런데 동자가 들고 간 흰 병이 파란 끈에 묶여 있는 거였습니다. 이제는 이 백자가 다르게 보이십니까? 그리고 이렇게 이어집니다. "산에 핀 꽃 나를 향해 웃음 짓고 있으니, / 술잔 기울이기엔 마침 좋은 때라. / 날 저물어 동산 아래서 술 마시니, / 날아다니는 꾀꼬리가 여기에도 있구나. / 봄바람과 취객이, / 오늘이야말로 잘 어울리누나." 이런 시예요. 그러니까 술을 기다리면서 한 수 쓴, 그런 시입니다. 이제 다르게 보이지요? (객석 웃음) 그렇습니다, 배경을 아셔야 해요!

학계는 이 병의 제작 연대를 15세기 후반으로 잡고 있습니다. 기록에 따르면, 당나라 시인 이백은 701년에 태어나 762년에 신선이 됐다고 합니다. 이백의 이 시는 700년대 작품이에요. 그리고 백자는 15세기, 1400년대 작품이에요. 그러니 어떻게 된 거지요? 조선 도공은 700여 년의 시공을 훌쩍 뛰어넘었어요, 그렇지요? 시간은 700년이고, 거리는 당나라까지입니다, 그렇지요? 시공을 훌쩍 뛰어 넘어, 이백과 마주앉아 술잔을 기울였던 것입니다. 조선 도공이 저 백자를 빚을 때, 도공의 머릿속에 이백의 이 시 「술을 기다리며(待酒不至)」가

들어 있지 않았다고 하면 저런 작품이 나올 수 있었겠어요? 참 놀랍잖아요? 시공간 좌표로 '700년에 몇 천 리' 떨어진 지점에서 태어난 겁니다. 그러고 나서 550여 년이 더 흘렀고, 여러분은 지금 이 자리에서 조선 도공과 이백의 술자리에 함께하고 계시잖아요? 여기 어떤 분은 맥주를 마시고 계시더라고요. (객석 웃음) 이게 얼마나 큰 행복이에요, 이런 걸 알 수 있다는 게 말입니다. 과학만 해 가지고는 안 되겠지요?

그래서 저는 이 작품의 내력을 안 다음에 바로 미국에 계신 저의 은사 현정준 교수님께 수뉴문병 백자 사진과 이백의 시를 보내드렸습니다. 여러분에게는 칼 세이건의 『창백한 푸른 점』의 옮긴이로 익숙하시겠지요. 이분이 술을 무척 좋아하시거든요. 그리고 물론 현 교수님은 한학에 굉장히 밝은 분이어서 그 시를 알고 계셨을 겁니다. 하도 유명한 시였으니까 말이죠. 한시를 하시는 분들은 200수, 300수는 그냥 외운다, 이러시잖아요?

아무튼 이렇게 높은 수준의 인문학적 소양을 갖춘 도공이 저와 피를 나눈 조선인이라는 사실에 저는 마냥 뿌듯했습니다. 우리는 바로 이런 피를 공유하고 있는 사람들입니다. 앞에서 이야기한 것처럼, 1953년 전쟁의 폐허 속에서도 아이들에게 우주를 보여 주려는 책을 만들었던 민족이에요. 우리는 억센 민족입니다. 동시에 멋을 아는 민족이죠. 이걸 깨닫고 난 다음에는 정말 뿌듯하더라고요. 사실 백자는 말이 없죠. 국립중앙박물관에 놓여 있는 백자는 아무 말이 없는데, 백자 병의 입이 열리자 저는 조선의 도공과 당나라의 이백과 미국에 계신 은사님과 자리를 같이할 수 있었던 겁니다. 이건 뭐, 시공 초월이지요. 이게 '인터스텔라'예요.

유홍준 교수는 "아는 만큼 보인다."라고 했습니다. 또 최재천 교수는 한걸음 더 나아가서 "알면 알수록 사랑하게 된다."라고 그랬어요. 그리고 이게 최재천 교수만의 이야기는 아니라는 걸 알았어요. 아니, 최재천 교수가 베꼈다는 이야기는 아니고, 그 전에 제가 좋아하는 프랑스의 앙투안 슈브리에(Antoine Chevrier, 1825~1879년) 신부님이 계셨습니다. 이 신부님은 옛날 분이에요, 성인이죠. 이분이 이런 결론을 맺어 주신 걸 어디에서 읽었어요. 뭐라고 했는가 하면, "알면 사랑하고 사랑하면 따르게 된다." 누구를? 예수를 알면 사랑하고, 사랑하면 예수를 따르게 된다, 그런 이야기를 했던 겁니다. 비슷한 맥락이죠. 최재천 교수의 이야기처럼, 알면 알수록 사랑하게 됩니다. 알아야 됩니다.

세이건 역시 말 없는 과학에 입이 되어 준 겁니다. 『코스모스』를 통해 그것을 보여 줬죠. 일본 사무라이와 찰스 다윈이 만나 지구 생명 진화를 얘기하고 여기에서 우주 생명의 존재 가능성을 도출해 냈습니다. 이 얼마나 멋진가요. 과학이 입을 여니까 전 세계인이 그 스토리를 샀습니다. 여러분은 세계에 어떤 이야기들을 팔고 계십니까? 우리는 우리만의 이야기를, '스토리'를 팔아야 합니다. 그렇지요? 그럼, 무슨 이야기를 파실 겁니까? 무슨 이야기를 만들든, 무슨 스토리텔링을 팔든 우선 우리는 문과, 이과 분리 교육을 때려 부숴야 합니다. 정말이에요. 이걸 때려 부숴야 해요. 우리나라의 현행 문과, 이과 분리 교육이 반드시 철폐되어야 합니다. 홍승수는 자신의 무지가 문과, 이과 분리 교육의 탓이라고 생각하고 있기 때문입니다. (객석 웃음과 박수) 그래도 제 탓함에 동의해 주시네요. 감사합니다.

우리는 그릇이 아닙니다

이야기 하나 하겠습니다. '진주와 진주조개' 이야기입니다. 진주조개들이 가만히 보니까 말이에요, 진주조개잡이 다이버들이 바닷속에 들어와서 자기네들을 잡아가는데, 조개 살을 먹으려고 잡아가는 게 아니더라고요. 뭐 하려고 그래요? 자기네들이 머금고 있는 진주알을 빼 내려고 하는 거더란 말이에요. 그래서 기발한 아이디어가 나왔던 겁니다. 조개들이 모여 앉아서 이렇게 얘기하는 겁니다.

"야, 우리가 살 구멍이 있다. 네가 가지고 있는 진주알, 내가 가지고 진주알, 재가 가지고 있는 것 다 끄집어내서 다이버가 왔을 때 잘 보이는 위치에다 이렇게 수북이 놔 두자. 그러면 다이버들이 와서 어떻게 할까? 그걸 살짝 들고 나갈 것이고, 우리는 그냥 내버려 둘 것 아냐?"

그래서 이 친구들이 고생, 고생해서 자기 몸에서 진주알을 뽑아

냈습니다. 이 이야기를 저에게 들려준 분이 여기 앉아 계십니다. 하여간 그 후에 진주조개잡이 다이버가 바닷속으로 들어왔어요. 어떻게 됐을까요? 어떻게 됐을 것 같아요? 제가 이런 질문을 하면 뻔하잖아요? 답이 어떻게 나와야 돼요? 진주조개를 잡아갔겠지요!

이 이야기를 초등학교에 가서 했더니, "진주하고 조개요."라고 하더라고요. 둘 다 가져갔다는 거예요. 한국의 어린이들이 이렇게 영악합니다. (객석 웃음) 반대로 멍청한 진주조개잡이 다이버들한테는 옆에 있는 진주가 안 보이는 거예요. 뭐만 보여요? 진주조개만 보일 뿐이에요. 왜 그렇지요? 왜 그렇습니까? 왜 눈에 진짜인 진주가 띄지 않았을까요? 학교에서 뭐만 했어요? 찍기 연습만 했거든요. "정답은 이렇게 생긴 거야. 네가 계산을 해서 잘 풀 수가 없을 때는 0이나 1, 둘 중 하나를 찍으면 돼." (객석 웃음) 우리는 이 훈련을 했잖아요. 이게 한국의 교육이에요. 그러니까 우리 교육은 진주조개 식별법만 가르쳤지, 진주 자체의 가치, 진주가 갖고 있는 의미, 이런 건 가르칠 줄 몰랐어요. 우리 교육은 달인이 되라고 그래요. 그냥 계속해서 달리라고 그래요. 저는 우리나라 운동 선수들이 좀 불쌍하다고 생각해요. 자기가 하는 운동을 재미있어 하지 않잖아요. 재미있어서 하는 게 아니잖아요? 메달 따려고 하지!

그러니까 우리는 어떻게 해야 되겠습니까? 폭넓게 알아야 해요, 폭넓게. 진주조개 식별법만 가지고는 되지가 않는단 말이지요. 그래서 우리는 살아가면서 모든 걸 너무 잘 알고 있어서, 아니 너무 잘 알고 있다고 오해하기 때문에, 진주 대신 진주조개만 캐고 있는 건 아닌지 모르겠습니다. 이렇게 해서는 창의적인 뭐가 안 나오지요. 기업은 대학에다 진주조개잡이를 키워 보내라고 요구합니다, 그렇지요? 자기네 회사에서 금방 쓸 인재를 키워 내래요. 그 진주조개잡이 다이버를 보내라는 거예요. 한국 경제의 국제적인 위상을 생각할 때, 우리 기업은 진주조개잡이가 아니라 진주잡이를 발굴해야 하는데, 대학에다 이 기능인을 만들어 보내라고 요구해요. 오늘날 대학이 참 죽을 노릇일 겁니다. 대학이 없어질 것 같아 걱정이 돼요. 농담으로 하는 이야기가 아니라 저는 진정으로 하는 거예요.

그래서 토머스 머튼(Thomas Merton) 신부님은 우리한테 뭐라고 이야기하시는가 하니, "너 제발 성공만은 하지 마라." 그래요. 성공의 의미가 뭔지 아시겠지요? (진주조개) 식별법의 달인이 되는 것만은 마라, 그런 이야기예요.

그리고 자신이 사랑했던 첫 제자 치원(巵園) 황상(黃裳)에게 다산 정약용이 뭐라고 타일렀는가 하면, "너 제발 과거(科擧)만은 보지 마라." 그랬습니다. 다산 선생이 강진에 가 계실 때 몇 명의 똘똘한 제자들이 있었습니다. 그중 특히 똘똘한 둘을, 한 양반은 제가 이름을 기억하지 못하겠는데 학래(鶴來) 이청(李晴)이었나요, 황상하고 같이 불러 앉혀 놓고 "너희들은 제발 과거만은 보지 마라." 그렇게 타일렀어요. 그래서 황상은 과거를 안 보고 공부만 했는데, 이청은 서울에 올라가 추사(秋史) 김정희(金正喜) 등의 집에서 더부살이를 하며 과거 시험에 여러 번 응시하고 낙방했던 것 같아요. 그러다 그 양반은 우물에 빠져서, 그것도 일흔 살에 죽어 버렸다고 하지요. 황상은 재야에 남아 스승의 유고를 정리하고 자기 공부를 계속 했지요. 하여간 황상은 남긴 작품들이 꽤 있습니다.

그런데 우리는 어떻게 하고 있습니까? 우리는 사실 과거 시험만 보고 있잖아요? 이게 현실이에요. 이걸 깨고 벗어나야 해요. 이 악순환의 고리에서 어떻게든지 벗어나야 해요. 그러니까 역사적으로 과거 시험이라는 제도에 익숙한 채 살아온 우리에게서 노벨상 수상자가 나오기는 지극히 어려울 거예요. 이런 생각을 빨리 모두가 공유해서 여기서 탈피해야 할 거예요. 머릿속으로 그렇게 생각하는 분들이 여기도 계실 거예요.

다음 쪽 사진 작품 한번 보세요. 그런데 여기가 어디 같아요? 뉴욕 시예요, 그렇지요? 맨해튼 한복판입니다. 타임스 스퀘어예요. 그런데 괴기해요. 텅 비었어요. 사람이 하나도 없어요. 움직이는 게 안 보여요. 그럼에도 이게 가짜 사진 같지는 않지요? 진짜 사진 같지요? 이거 어떻게 만든 것 같아요? 뭐 금방 아시겠지요. 장기 노출을 한 탓에 움직이는 것들이 모조리 자기들끼리 지워 버렸지요. 그런데 살아남은 게 있어요. 교통 법규를 지켜야 하는 자동차들의 행렬은 완전히 지워지지 않았어요. 그래서 마치 물결같이 남아 있는 것 아니에요? 좌우로 하얀 점 같은 저것들이 헤드라이트 물빛입니다. 그 움직임의 방향이 임의가 아니니까 지워지지 않았겠지요.

HARVEY
FIERSTEIN
ON THE ROOF
PEACE
KODAK
Billabong

Atta Kim, ON_AIR Project 110-1, New York 연작, 8시간 노출, 2005년.

사진 작가 김아타 선생의 작품이에요. 그런데 이 양반의 이름이 걸작이에요. 심상치 않아요. 나(我)와 너(他). 이건 아버지가 지어 준 이름은 절대 아닐 거예요. 자기가 지었을 거예요.

「온에어(ON-AIR)」는 엄청난 상을 받은 사진 작품입니다. 여기서 우리는 무엇을, 어떤 스토리를 읽어 낼 수 있습니까? 표면적으로 드러나 보이는 현상, 그 이면에 시간적으로, 공간적으로 엄청난 스토리들의 켜가 쌓이고 있을 거예요. 그걸 볼 줄 알아라, 그걸 의식해라. 그러는 것 같아요. 저는 이 작품이 그런 작품인 것 같아요. 김아타 선생이 정말 어떤 생각으로 만들어서 저의 뒤통수를 땅, 때렸는지 그건 모르겠지만, 저는 하여간 한 대 맞은 기분이었어요. 이건 엄청난 깊이가 있는 작품입니다.

그런데 또 놀라운 사실은 어느 인터뷰에 보니까, 이 양반이 애초에 사진 공부를 한 게 아니더라고요. 사진학과 출신이 아닙니다. 공학도예요. 그러니까 김아타의 성공은 사진가 훈련을 받지 않은 공학도였기 때문에 가능했다, 이겁니다. 이런 기발한 발상을 낼 수 있었던 건, 사진 교육이라는 특정한 과정이 아니라 사진 예술을 다른 시각에서 볼 수 있었던 배경과 능력 덕분입니다. 사진 교육이라는 게 뭐하는 것일 수가 있어요? 진주조개 식별법을 열심히 가르치는 것일 수도 있어요. 그런데 그게 아니라 딴 데서 온 사람이 보니까 새로운 게 탁 튀어나올 수 있는 거지요. 이제는 한 분야로만 전문인이 되어서는 안 된다는 말이지요. 세상이 변하고 있어요.

지난 100년간의 인간형 = 1인 1기의 전문인(specialist)

지식정보 시대의 인간형 = 두루 해박한 교양인(generalist)

— 배병삼, 『한글 세대가 본 논어』에서

오늘날 취직 전선의 살벌함이 우리 대학생들을 '시험 보기의 전문 달인'으로 몰아가는 현실이 안타깝습니다. 그렇더라도 우리는 먼 곳을 내다보고 걸어가야 할 것입니다. 저는 이런 주장을 여러분에게 드리고 싶고, 여기 오신 분들은 다행히 먼 곳을 내다보고 걸어가는 분들입니다. 그렇지 않으면 이 시간에, 여기 불편한 이곳에 쭈그리고 앉아 계실 리가 없어요. 이런 이야기를 할 수 있게 된 걸 생각한다면, 제가 『코스모스』를 번역하기로 결심한 것은 썩 잘 내린 결정이었습니다.

준마(駿馬)라고 있잖아요? 굉장히 잘 달리는 말, 적토마 같은 말, 그런 말이 달릴 때 발이 닿는 폭의 길만 만들어 놓고 달려라 하면 효과적일 것 같지요? 그런데 아무리 준마라도 그렇게 좁은 길에서 제 실력을 낼 수 있겠어요? 못 내고 말겠지요. 길이 넓게 깔려 있어야 해요. 세이건이 그런 사람이란 말이지요. 세이건의 경우에는 길이 넓어서 『코스모스』 같은 작품이 나올 수 있었던 겁니다.

제가 앞에서 『코스모스』의 전반적인 특성을 말씀드렸는데, 과연 어떤 특성 덕뷰에 이 책이 유독 한국 독자들에게 이렇게 열광적인 사랑을 받고 있느냐, 이건 좀 고민해 봐야 할 문제 같아요. 몇 달 전에《조선일보》의 어수웅 기자던가요? 그 양반이 전화를 해서 저한테 『코스모스』가 명저 추천하는 데 1위로 올라왔다는 거예요. 그러면서 "이게 나온 지가 30년이 넘은 오래된 책이고 한국에서만도 10년이 훨씬 넘게 사랑을 받고 있는데, 옮긴이로서 당신은 무슨 이유 때문에 이 책이 이렇게 사랑을 받는 것 같으냐?"라고 묻더군요. 전화로 뜬금없이. 참 당황했어요. 그러고는 "당신 당장 답할 수 없을 테니까, 15분 후에 다시 전화하겠다." 해서, (객석 웃음) 저는 '야, 이게 정말 왜 그렇지? 내가 이것 반성 좀 해 봐야지.'라고 하면서 급히 앉아 생각을 했어요. 그때 생각했던 것들을 여기 이렇게 적어 봤습니다.

사이언스북스가 낸 『코스모스』가 한국에서 특별한 사랑을 받게 된 몇 가지 현실적인 이유가 있습니다. 무엇이든 기원을 따지기 좋아하는 한국인의 문화적 특성이 그 첫째 이유라고 생각합니다. 우리는 족보를 따지는 민족입니다. 저기 위에서부터 내려오는 걸, 구구절절 이렇게 쭉 내려오는 걸, 이걸 좋아합니다. 환하잖아요, 그렇지요? 그런데 『코스모스』는 어떻게 했어요? 우주의 기원부터 시작해서 생명의 출현, 그리고 진화, 그다음에는 문명, 그렇지요? 그리고 이 문명의 암담한 미래, 이걸 이야기하고 있는 거예요. 정말 일관된 관점으로 빅뱅부터 오늘의 문제까지 쭉 구구절절 내려오니까 한국인의 흥미를 끌 수밖에 없어요. 오늘을 사는 한국 지성인에게, 인류 문명의 기원을 빅뱅부터 써 내려온 이 책은, 그래서 매력적일 수밖에 없다고 생각합니다.

그리고 1980년대에 청소년기를 지낸 이들이 오늘날 한국 사회를 이끌어 가는 중추 세력인 30대와 40대입니다. 바로 여러분. 이들은 「코스모스」 텔레비전 시리즈에서 받았던 감동과 열정을 되새기며, 그때의 순수함으로 돌아가고 싶어 합니다. 그러니까 권기호 사장의 예측이 기가 막히게 들어맞았습니다. 아까 어떤 분이 저한테 『코스모스』를 내밀며 사인을 하라고 그러면서 당신의 이름이 아니라 아드님의 이름을 쓰라고 하더라고요. 그 아들에게 자신이 받았던 감동을 전해 주고 싶은 거예요. 제가 거짓말 안 해요. 여기 그 '어떤 분' 계시면 손드세요. 아, 여기, 손드시네요. 이런 거예요. 그러니 여러 세대에 걸쳐 장기간 사랑을 받을 수 있게 된 거지요. 그리고 텔레비전 시리즈에 우호적이었던 시청자의 상당 부분이 활자 매체 번역본인 『코스모스』로 그대로 흡입됐을 거예요. 빨려 들어왔을 거예요.

또한 이들은 보고 싶은 책을 자기 돈으로 쉽게 살 수 있으며, 미래를 위한 자기 교육에 1만 5000원쯤은 쉽게 투자할 수 있는 경제적 여력을 가지고 있습니다. 이건 '1만 5000원에 싸게 좀 팔자.'는 노의성 편집장의 보급판 출간 아이디어가 기본적으로 들어맞은 거예요. 텔레비전 시리즈 방영 후 오랫동안 제대로 된 번역본을 찾지 못하다가 가장 강렬한 지적 요구의 시기를 맞은 30대, 40대에게, 사이언스북스에서 출간된 『코스모스』는 그들의 어릴 적 향수와 함께 각별한 의미로 가슴에 다가갔을 것입니다. 그러니까 오늘 이렇게 오셨지요.

그뿐만이 아니라 그들은 청소년기에 받았던 지적 충격을 자기의 2세에게 선물하고 싶어 합니다. 세이건은 그만큼 감동적인 언술과 연기를 구사했던 작가이자 배우였습니다. 그런데 그것보다 한 차원 높은 관점에서 이렇게 볼 필요가 있습니다. 제가 여기 강의 자료에 강조 표시를 일부러 붙였어요.

"지구 문명사 가운데 '현대'는 우리 지성인들에게 융합적 사유를 강요하고 있습니다."

여러분도 아마 느끼실 거예요. 이젠 전공만 가지고 안 되잖아요? 자격증만 가지고 못 살겠지요, 그렇지요? 세상이 바뀌었습니다. 무섭게 바뀌었어요, 무섭게. 이 점을 강조하기 위해 굳이 제가 오세정 교수의 시평을 재인용할 필요도 없을 겁니다. 이 양반 참, 국회 의원 되셨던데. (객석 웃음) 이 양반도 떨렸는지, 에드워드 윌슨(Edward O. Wilson)과 앨빈 토플러(Alvin Toffler)를 인용했더라고요.

"환경이나 인구 과잉 등 우리가 부닥치는 대부분의 문제들은 자연 과학적 지식과 인문·사회 과학적 지식이 총합되지 않고는 해결될 수 없다."

에드워드 윌슨의 이야기입니다.

"이전에 서로 관련이 없던 아이디어와 개념, 지식을 새로운 방식으로 결합할 때 상상력과 창의력이 생겨날 수 있다."

앨빈 토플러의 이야기입니다. '이전에 서로 관련이 없던 아이디어와 개념', 이걸 우리는 세이건에서 계속 봤어요. 우주와 생물, 이런 것. 다윈 진화와 일반 역사의 한 토막. 이게 서로 아무 관계가 없었던 것이죠. '지식을 새로운 방식으로 결합할 때 상상력과 창의력이 생겨날 수 있습니다.' 시대가 바뀌었어요. 홍승수가 이런 주장을 하면 여러분이 안 믿으실까 봐 제가 치사하지만 윌슨하고 토플러를 들고 나왔는데, 이게 무슨 이야기인가 하면, 융합적 사유가 그 어느 것보다 절실히 요구되는 21세기를 살아 가야 하는 여러분이 지금 특별한 어려움을 겪고 계시다는 겁니다. 왜냐하면 여러분이, 그리고 저 자신이 받아 온 한국의 교육이 뭘 했는가 하면, 그동안 단편적인 지식의 누적만 강조했을 뿐, 우리에게 융합적 사고력을 키워 주지는 않았기 때문입니다.

한번 보자고요. 한국의 교실이 어떻게 생겼습니까? 학교의 교실이, 아, 이게 군대의 막사하고 뭐가 다릅니까? 감옥의 옥사하고 뭐가 다릅니까? 이러한 환경 속에서, 분위기에서 어떻게 우리가 융합적 사고력을 발휘할 수 있겠습니까? 그러니까 지금이야말로 한국의 교육을 근본적으로 뜯어 고쳐야 할 시기예요. 그리고 우리 사회에서 칼 세이건과 같은 인물이 나오지 않는 것도 다 그만 한 이유가 있어요. '한국의 칼 세이건'이 나타나자면 아마 좀 기다리셔야 할 것 같아요. 이 이야기를 듣는 어떤 분들은 화내실 거예요. "나는 이미 세이건의 수준을 넘어섰는데." 하면서. (객석 웃음) 아마 여기 몇 분 계실 거예요. 저기 몇 분 계시고. 그렇더라도 저를 좀 이해해 주세요. 이것 참 놀라워요. 저는 이 사실을 느끼고 정말 깜짝 놀랐어요.

그리고 더욱 놀라운 게 있어요. 여기는 그래도 '초등학교' 출신들이 좀 계시지요? 여기 '초등학교' 출신 손들어 보세요. 이것 봐요. 이게 말이 되느냐고요. 1945년에 독립한 나라가, 아니 1945년에 일본을 내쫓은 나라가, 여러분을 황국신민(皇國臣民)으로 만들고 있었던 것입니다. '국민학교'라는 이름이 황국신민을 키우는 곳이라는 뜻입니다. 우리 교육자들이 얼마나 무관심했냐고요. 진정으로 교육에 관심을 갖고 있었느냐, 이 말입니다. 이게 아마 1990년쯤 들어와서 '초등학교'로 바뀐 걸로 기억을 합니다. 그러니까 융합적 사유, 이걸 계속 떠들어 대는데, 그냥 떠들기만 해서 되는 건 아니지요. 교실부터 바꿔야 할 거예요. 요즘은 학교들이 많이 이뻐지고 제대로 바뀌고 있어요. 다행입니다.

여러분과 저를 포함하여 우리는 해묵은 문과, 이과 분리 교육의 희생자입니다. 저는 세이건의 『코스모스』에서 융합적 사유의 한 전범을 찾을 수 있었습니다. 그는 대단한 폭과 깊이의 지식을 소유했을 뿐 아니라, 인류 문명의 미래에 깊은 통찰력을 발휘할 기본 실력을 갖추고 있었습니다. 세이건과 같은 인물은 어느 날 갑자기 나타나는 게 절대 아닙니다. 한국에서 칼 세이건이 나타나자면, 좀 기다려야겠습니다. 좀 죄송한 이야기지만, 한국의 과학자들이 세이건처럼 책을 쓰지 못한다고 너무 나무라지 마세요. "당신, 뭐 그렇게 큰소리할 것 있어?"라고 나무라지 마세요. 어쨌든 이게 우리 문화예요, 이게 현실이고. 물론 바꿔야겠지요.

이제 이야기를 끝내야 할 것 같습니다. 여기에 모인 여러분은 경계를 뛰어넘는 지적 용기의 소유자입니다. 시대의 흐름을 똑바로 알고, 흐름에 앞서 달려가는 분들이 바로 여러분입니다. 행성 지구의 먼 미래가 비록 어둡다고 하더라도 한국의 가까운 장래가 밝은 건 여기에 계신 지성인 여러분이 있기 때문입니다. 저는 오늘 이 자리에 와 보니 정말 우리의 미래가 밝다는 생각이 듭니다. 현실이 암담해도 미래는 엄청 밝다고 생각합니다.

땅을 깊이 파려면 처음에 넓게 시작해야 한다고 합니다. '시간의 몫은 시간에 돌려줄 수 있어야 합니다.' 우주는 지구상에 생명의 씨앗을 틔우기 위하여 138억 년의 긴 역사 중에서 무려 100억 년을 준비 기간으로 삼았습니다. 그리하여 최초의 생명이 38억 년 전에 출현했습니다. 그러고도 부족해서, 지구에 우리와 같은 동물이 나타나기까지 30억 년의 세월이 더 필요했습니다.

그런데 우리 사회는 뭘 하라고 그래요? 급하게 그릇(器)을 만들라고 요구해요. 이게 무슨 뜻이에요? 제한된 용도의 인간을 만들겠다, 이거예요. 이래 가지고 되겠어요? 시간을 좀 줘야지! 저는 그래도 크게 걱정하지 않습니다. 지성인 여러분의 『코스모스』 사랑을 보면, 그것이 우주와 인간을 그만큼 깊이 알고 있다는 증거라고 믿기 때문입니다. 그러므로 크게 실망하지 않겠습니다.

이 장광설을 마치면서 저는 20년 전에 우리 곁을 떠난 인간 칼 세이건을 추모하고 싶습니다. 돌이켜보면, 인류 문명의 '도약'은 현실적이고 기능적인 절대 다수의 '오디너리(ordinary, 범인(凡人))'들에

의해서 이루어지지 않았습니다. 문명 사회에서의 '도약'은 실현 불가능해 보이는 이상을 집요하게 추구했던 극소수의 비저너리들의 몫이었습니다. 그런데 이 비저너리들이 어떤 아이디어를 내놓고 어디로 가자고 하면, 그 사람을 제외한 나머지 모든 지구인들이 "야, 인마. 너 무슨 정신 나간 소리 하고 있어?"라고 합니다. 이렇게 되는 겁니다.

세이건의 예를 하나 들면, 솔라 세일(solar sail, 태양풍 추진 우주선)이라는 걸 이 양반이 40년 전에 제안했어요. 이게 뭐예요? 우주 돛단배잖아요. 우주선에 돛을 달아서 보내겠다, 이 말이지요. 다들 정신 나간 소리 한다고 그랬습니다. 그런데 그런 것들이 실현되고 있거든요. 따라서 세이건은 이런 급에 속하는 '비저너리'입니다.

오랜 시간 경청해 주셔서 대단히 감사합니다. (객석 박수)

4. 번역 후 '홍 승수의 변신'은 무죄다

1) 너무 늦었지만 시를 읽고 한자와 동양고전을 공부하기로 한다.
故 召南 俞 景老 교수가 내게 주신 못 다한 숙제

2) 천문학의 대중화를 위한 행사에 적극 참여한다.
세계천문의 해; 지방자치 단체가 세운 천문대 방문; 과학문화재단 주최 행사; 중
천문학회가 주관하는 대중 강연; 교실에서 만나는 천문학자; 도서관에서 만나는

3) 한국천문올림피아드 위원회에서 열의와 정성으로 활동한다.
나는 올림피아드를 천문학의 대중화를 위한 훌륭한 발판으로 간주한다. 이 메일
종 질문에 충실하게 답 한다.

4) 과학과 종교의 문제에 관심을 갖기로 한다.
의외로 많은 종교인들이 과학을 '원수'로 알고, 과학자들은 종교를 '미신'으로 간
후자에 속해서 크게 놀랐다. 이 점이 세이건의 큰 감점 요인이다.
세이건의 <The Varieties of Scientific Experience>에 대한 서평, 아니 혹평

5) 서울대학교 핵심교양교과목으로 <외계 행성과 생명>을 개발하여 오늘
지구의 미래를 걱정할 줄 알게 한다.
이 교과목을 개발하는 데 세이건의 영향이 내게 아주 큰 작용을 했지 싶다.

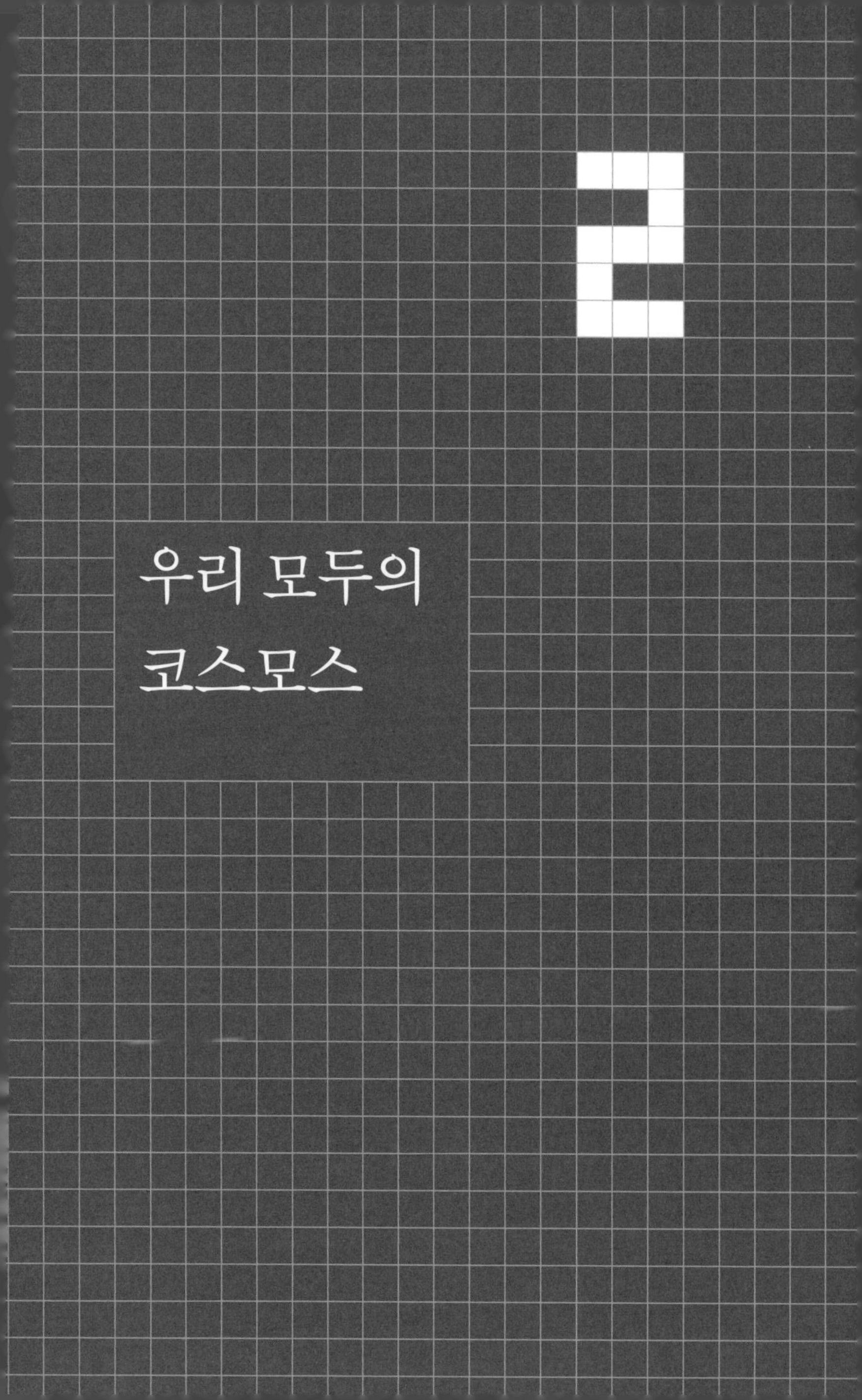
2
우리 모두의
코스모스

아무것도 없는데
사과 파이를 만들고 싶으면
먼저 우주를 만들어야 한다.

—칼 세이건

스승과 제자가 들려주는 푸른 시절의 전설

원종우: 2부 순서를 시작하겠습니다. 원래 2부는 항상 질의응답만 했었지요. 물론 오늘도 질의응답을 합니다. 질문지를 굉장히 많이 받았는데, 그 전에 방금 얘기해 드린 대로 오늘은 좀 특별한 손님들을 모셨습니다. 게다가 아까 들으셨겠지만, 스승의 날이 내일입니다, 그렇지요? 그런 의미에서 교수님께 직접 배우고, 또 지금은 학자 혹은 장사꾼이 된 제자들을 불러서 얘기를 한번 나눠 보도록 하겠습니다. 지금 저는 아주 재미있는 시간이 될 것으로 기대를 크게 하고 있고요, 일단 다음 쪽 사진부터 보시지요. 이 모습이 교수님이 젊었을 때, 아마 『코스모스』를 번역하시기 전의 모습이 아닐까, 생각되는데요. 벌써 그 눈매에서부터 호랑이 선생님의 서늘한 기운이 퍼져 나오고 있습니다. 그리고 이제 이 분위기에서 교육을 받은 학생들을 제가 한 분 한 분 모실 텐데요, 먼저 모실 분은 바로 이분입니다. 저희 K 박사님, 나오시겠습니다. (객석 박수) 자리를 잡으시지요. 저기 계신 홍승수 교수님한테서 멀리 떨어지겠다고 지금 막 중얼거리셨어요. K 박사님은 이제 다들 실명을 알고 계시겠지만, 저희는 여전히 K 박사, 정체불명의 K 박사로 주장하고 있는데, 이제는 뭐 콘셉트가 됐지요. 이강환 서대문자연사박물관 관장님, 그래도 계속 그렇게 불러야 되지요?

K 박사: 예.

원종우: 굳이 이렇게 원하니 홍승수 교수님도 K 박사라고 불러 주시면 감사하겠습니다.

홍승수: 아까 이름이 몇 번 등장했는데, 방송에는 '삐~' 처리해 주시는 걸로.

원종우: 알겠습니다. 편집하는 입장에서 그거 되게 귀찮지만요. 그리고 이제 두 번째 분은, 현재 홍승수 교수님의 뒤를 이어 서울대학교 물리천문학부의 교수로 계시고요, 저희 '과학하고 앉아 있네'에도 두 번이나 나오셨습니다. 윤성철 교수님 모시겠습니다. (객석 박수) 그리고 마지막으로 나오실 분은, 다른 두 분이 학자가 되신 가운데 중간에 학위를 포기하고 업계로 뛰어드셨지만 굉장히 중요한 일을 하고 계십니다. 천체 망원경과 천체 투영관을 만드는 일을 하고 계시고요. 저희 '과학하고 앉아 있네' 초기의 중요한 관객 중 한 분이셨습니다. 요즘은 잘 안 나오시지만, 박순창 메타스페이스(주) 사장님 모시겠습니다. (객석 박수)

사실 제가 개인적으로 어쩌다 보니까 서울대 물리천문학부 분들하고 굉장히 친합니다. 그러니까 이 세 분은 활동도 많이 하시고, 또 저희가 다 같은 학번입니다. 외모는 각기 서로 다르지만, 다들 개성이 있지요. 그래서 그런지, 이렇게 친구같이 지내고 있는데요, 오늘 이렇게 홍승수 교수님을 모시게 된 게 사실 스승의 날을 노린 것은 아니었어요. 우연히 그렇게 된 것인데 마침 스승의 날이고 해서, 이 세 분들과 재미있는 얘기를 나눌 수 있겠다라는 생각이 들었고요.

이 세 분이 홍승수 교수님 얘기를 할 때 보이는 반응의 공통점은 굉장히 두려워한다는 겁니다. '쫀다.', '무섭다.', '좋은 기억이 나지 않는다.' (객석 웃음) 이런 말씀을 들으면 보통 홍승수 교수님이 굉장히 안 좋은 분이구나, 이렇게 생각할 수가 있잖아요. 그런데 그 말을 하자마자 이어지는 말이 "꼭 '과학하고 앉아 있네'에 모셔야 된다.", "꼭 강연을 들어야 된다.", "저희 프로그램의 격을 단 한 번의 강연으로 높일 것이다." 이런 말씀이 이어지는 걸로 봐서 아마 두려워하는 것은 홍 교수님의 모습이 아니라 자신들의 옛 모습이 아닐까, 그렇게 생각이 돼서 오늘 그런 얘기를 들어보려고 합니다. 그리고 제가 방금 보여 드린 사진은 사실 윤성철 교수님의 졸업식 사진입니다. 홍 교수님께서 저한테 굳이 보내주셨어요. (객석 웃음) 보시면 아시겠지만 닮은꼴이지요.

윤성철: 지금 사진 속 교수님 웃고 계신 겁니다. (객석 웃음)

원종우: 뒤에 계신 건, 윤성철 교수님이시고요. 저게 윤성철 교수님의 언제입니까?

윤성철: 제가 대학원 석사 졸업할 때죠.

원종우: 석사 졸업하실 때?

윤성철: 1995년.

원종우: 1995년, 20여 년 전의 모습이시네요. 예, 앉으시지요. 교수님이 저런 모습으로 학생들을 훈육하고 때로는 질타하지 않으셨을까 생각이 되는데, 혹시 박 사장님은 잘못한 게 많으세요?

박 사장: 그렇지는 않아요. 저는 사실 학부 때 공부를 안 했기 때문에 눈에 띄는 학생이 아니어서 교수님한테 크게 혼난 기억도 별로 없고, 아마 교수님도 제가 머리 빠졌다는 것 외에는 (객석 웃음) 크게 기억하실 것이 없지 않을까 생각됩니다.

원종우: 그러니까 미움을 받기에는 존재감도 없었다, 그런 얘기로 생각이 되는데, 머리는 그럼 그때부터 이미 빠지신 거예요?

박 사장: 예. (객석 웃음)

원종우: 홍승수 교수님, 혹시 예전의 이 학생을 기억하시나요?

홍승수: 하여간 엉뚱한 짓을 골라서 하던 분입니다. 졸업을 하고 난 후에도 하는 일들을 보면, '이야~ 어떻게 이렇게 엉뚱한 일을 할 수 있을까?' 세이건이 자기 주장을 하는 걸 보면 '점핑 어라운드(jumping around)'. 그러니까 두루 넘나들잖아요? 이 양반이 꼭 그래요. 그러니까 한마디로 대단히 창의적인 인물입니다. 하지만 그걸 학생 때는 잘 몰랐어요. 박 사장의 창의성 말이에요. 그런데 지나고 보니까, 특히 요즘은 보니까, 하는 일이며 숨은 능력이 대단합니다. 아마 한국 천문학계에서 굉장히 중요한 역할을 하고 있고 우리나라 과학 발전에, 과학자들의 풀뿌리를 키우는 데 이 양반이 지대한 공헌을 하고 있다고 저는 확신합니다. 다만 장가 빨리 가라고 해도 안 가네요. (객석 웃음)

원종우: 박 사장님은 20여 년 후에 홍승수 교수님이 이렇게 좋은 얘기를 해 주실 거라고 혹시 상상하셨어요?

박 사장: 저는 사실 돌이켜보면 F를 받은 적도 없고, 그래서 지금 생각해 보시면 좋은 말씀을 해 주실 수밖에 없지 않을까 합니다. 하하.

원종우: 나쁜 말을 할 만한 정보가 없으니까?

박 사장: 예. (객석 웃음)

원종우: 사실 박 사장님은 학자는 아니지만 굉장히 중요한 일을 하고 계시고요. 그리고 지금 이 사진으로 보아 홍 교수님이 아마 윤성철 교수님의 지도 교수가 아니셨을까 생각이 되는데, 어떤 인연을 갖고 계신 겁니까?

윤성철: 예. 제가 석사 논문을 홍승수 교수님으로부터 지도를 받았습니다. 당시에 홍승수 교수님 팀을 '성간 학교'라고 불렀는데요, '성간 물질'을 전공하셨기 때문에 그걸 따서 '성간 학교'라는 이름을 지었던 겁니다. 당시 서울대 천문학과에서 '성간 학교' 하면 여러모로 악명이 높았습니다.

원종우: 악명이요?

윤성철: 예를 들면, 팀 미팅을 하면 그 분위기가 일종의 전투 분위기여서 참여한 학생들 중에 전사자가 꼭 한 명씩 생겼습니다. (객석 웃음) 그래서 동료들끼리는 전우애를 느낄 만큼 끈끈해졌는데, 교수님께는 항상 이렇게 가까이 다가가기 어려운 면이 좀 있었지요.

K 박사: 제가 윤성철 교수랑 대학원에 같이 입학했는데요, 입학하면 지도 교수를 선택하잖아요? 홍승수 교수님을 택하는 사람이 그렇게 많지는 않았어요. 윤성철 교수가 자기는 홍승수 교수님을 선택하겠

다고 해서 다들 놀랐지요. "왜 그러냐?"라고 물었더니 하드 트레이닝(hard training)을 받고 싶다 하더라고요. (객석 웃음) 그래서 주변의 반응이 "제정신이냐?" 그랬는데, 그래도 전사하지 않고 무사히 살아남았습니다.

원종우: 살다 보면 저렇게 고지식한 분들이 있습니다. 자기가 뭘 하는지도 모르면서 덤벼드는. (객석 웃음) 그런데 지금은 성공을 해서 서울대 교수가 되셨는데요, 성공하셨으니 탁월한 선택이 아니었나, 생각이 돼요. 그럼 윤성철 교수님, 하드 트레이닝을 받겠다고 말씀하셨을 때 그건 어떤 의미였던 건가요? 교수님이 어떠셨기에 주변의 만류에도 불구하고 그랬나요?

K 박사: 그 말 했던 걸 아마 자기도 기억 못 할 거예요.

원종우: 공부를 많이 시키셨던 건가요? 아니면……?

윤성철: 오늘 강연을 들으시면서 홍 교수님에 대해 많은 걸 느끼셨을 거예요. 어떤 분이시구나! 대표적인 예를 하나 들자면, 아까《조선일보》기자 얘기를 하셨는데, 질문을 받고 나서 "15분 후에 통화하자." 하고 그 15분 동안 답을 생각하셨다 했습니다. 저 같으면 가벼운 질문에는 그냥 가볍게 대답하고 끝냈을 것 같은데, 그런 질문에 15분이

라는 시간을 투자해서 진정성 있게, 그리고 성실하게 대답을 해 주셨습니다. 학자로서의 이런 성실성, 그것이 홍승수 교수님의 모습입니다. 그러니까 저희들한테는 일종의 완벽주의자로 다가왔고요, 다들 아시겠지만, 완벽주의 상사 밑에 있는 사람들은 다 고생을 하지요. 그러니까 학생들이 그만큼 고생을 했다는 얘기기도 합니다. 하드 트레이닝을 받겠다라는 말은 그런 의미였던 것 같아요. 그런 모습을 좀 본받고 싶다. 제가 워낙 그렇지 않았기 때문에.

원종우: 제가 보기에는 저희 주변의 헐렁한 사람들하고 비교를 하자면, 이미 충분히 그러하십니다. K 박사님은 저희가 지난번 방송 녹음을 하면서 이 시간에 대해 예고할 때, "방송에 녹음될 수 없는 얘기를 할 것이다. 자기가 말하는 얘기는 결코 남아서는 안 된다.", 굳이 이렇게까지 얘기를 하셨어요. 과연 어떤 비밀과 흑역사가 있기에?

K 박사: 내일이 스승의 날이라서 좀 부드럽게 완곡어법으로 말할까 생각을 했는데, 교수님의 강의를 들으면서 계속 불안했어요. 오늘 강의를 들으신 분들이 앞으로 제가 하는 말을 들으면 제가 얼마나 가볍게 보일까? 그래서 실수한 게 아닌가 하는 생각을 계속하고 있습니다. 홍승수 교수님은 아마 윤성철 교수는 기억하시겠지만 저는 잘 기억하지 못하실 거예요. 저도 '이제는 과학만 하면 안 된다.'라는 걸 너무 일찍 깨달아 가지고 과학을 빼고 여러 가지를 공부했거든요. 교

수님의 사진이나 풍모에서도 느끼시겠지만 완벽주의자이고, 학생들한테 굉장히 무섭고 냉철한, 나쁘게 표현하면 찔러도 '어떠할' 것 같은 분이셨죠. 그래서 워낙 원칙적으로 하시다 보니까, 아까, 권기호 선생님 얘기하시면서 '운동권' 이런 거에 대해 좋게 말씀을 하셨는데, 설사 정의를 외치고 진실을 말한다 하더라도 공부를 하지 않으면 학점을 안 주셨습니다. (객석 웃음)

그리고 저희 대학 학부 과정 중에 홍승수 교수님이 강의하셨던 '천체 물리'라는 과목이 있습니다. '천체 물리 1'과 '천체 물리 2'가 있는데, '천체 물리 1'은 3학년 2학기에 있고, '천체 물리 2'는 4학년 1학기에 있어요. 그런데 4학년 1학기에 '천체 물리 2'의 학점을 잘 못 받으면 졸업을 무조건 1년 연기해야 됩니다. 수습할 길이 없는 거지요. 윤성철 교수 같은 사람들은 아마 이런 일이 있었는지조차 기억하지 못할 겁니다. 그런데 저 같은 사람들은 그게 졸업에 가장 큰 장벽이었습니다. 하지만 교수님은 워낙 원칙주의자이시기 때문에 사소한 사정 같은 것, 이를테면 학생들이 4년 만에 졸업을 하고 못 하고와 같은 학생들의 사소한 사정은 전혀 염두에 두지 않는 분이셨습니다. 교수님은 아마 기억을 못 하실 텐데, 제가 3학년 2학기에 '천체 물리 1' 수업을 들었던 해에, 필기 시험을 많이 보던 여느 때와 달리 구두 시험을 치렀어요. 교수님이 학생을 불러 놓고 질문을 하셨지요.

원종우: 말로?

K 박사: 말로 시험을 봤는데, 교수님은 기억 안 나시지요? (객석 웃음) 그때 굉장히 기본적인 방정식을 하나 주셨어요. 제가 시험 보러 들어갔을 때, 교수님은 당시 제가 공부 안 한 학생인 걸 아셨기 때문에 굉장히 기본적인 방정식을 하나 쓰시고 "이 방정식에서 이 항의 의미가 뭔가?"라고 물어보셨거든요. 저는 아직도 기억합니다, 그 방정식이 뭔지. 파동 방정식이었거든요. 지금은 답이 뭔지 아는데, 그때는 답을 못 했어요. 그랬더니 교수님이 "자네한테는 학점을 줄 수가 없겠네."라고 말씀을 하셨지요. 그래서 저는 당연히 이 과목은 F를 받을 거라 생각했어요. 그래도 그때가 다행히 3학년 2학기였으니까 4학년 2학기에 재수강해서 학점을 회복하면 되겠다라고 생각을 했는데, 학점을 주셨어요, 'D-'를!

원종우: 아예 회복 불가능한 학점을.

K 박사: 예. 그래서 교수님은 사실 기억을 못 하시겠지만, 저는 항상 궁금했습니다. 그때 분명히 학점을 못 주겠다고 하셨는데 왜 'D-'를 주셨을까. 하지만 그 답을 여기에서 들으면 안 될 것 같으니, 나중에 뒤에 가서 듣겠습니다.

원종우: 아, 예.

K 박사: 이제 덧붙이자면 제가 그걸 만회하기 위해 4학년 2학기에는 정신을 차리고 공부를 했거든요. 그래서 재수강을 해서 'A'를 받았습니다. 당연히 기억 못 하시겠지만. (객석 웃음) 그런 일도 있었고요, 여러 가지 얘기들이 많습니다.

원종우: 교수님은 제자들의 고통이랄까, 트라우마의 기억들, 이런 것들을 당시에 좀 알고 계셨나요? 이런 생각들이 있었다는 걸?

홍승수: 원종우 대표가 저한테 오늘 출연을 제안할 때 이 프로그램은 없었어요. 제가 사기 당한 기분이에요. (객석 웃음) 그래도 변명이라고 할 수도 있는, 그런 얘기를 좀 하기는 해야 할 것 같습니다. 저는 어느 학생에게 무슨 학점을 줬는지 전혀 기억하지 못해요.

예를 들면 이렇습니다. 학기가 바뀌고 학년이 바뀌어 강의실에 들어갔는데, 거기에 앉아 있는 어느 학생을 보니 '저 학생은 지난 학기에 이 강의를 들었지 않나?' 하는 생각이 들었던 거예요. 그래서 학생에게 다가가 "자네, 지난 학기에 안 들었어? 왜 여기 또 들어와 앉아 있지?"라고 했더니 "교수님이 F 주셨잖아요." (객석 웃음) 하지만 저는 전혀 기억나지 않았어요. 아마 의도적으로 기억을 안 하려고 했을지도 모릅니다. (객석 웃음) 그래서 K 박사가 'D-'를 받았는지 'A+'를 받았는지, 저는 전혀 기억나지 않습니다.

그런데 이 대목에서 한 가지 말씀드리고 싶은 것이 있습니다.

제가 서울대학교에 1978년에 부임했는데, 황무지도 그런 황무지가 있을 수 없었어요, 서울대학교라는 데가 말이죠. 부임하기 전에 저는 외국에서 컴퓨터를 이용하는 계산을 많이 해서 논문을 쓴 사람이었습니다. 그래서 들어와서 논문을 쓰려고, 컴퓨터를 쓰려고 보니, IBM에서 공짜로 갖다 준 IBM 360이 있었는데, 이게 정말 한심한 거였어요. 더욱 한심한 건 뭔가 하면, 지금 서울대학교 물리천문학부의 이형목 교수가 그때 4학년 학생이었는데, 저하고 같이 컴퓨터 센터에 가서 그 컴퓨터가 있는 방에서 야전 침대를 깔아 놓고 밤새 계산을 해야 했던 겁니다. 컴퓨터 설정이 제대로 안 되어 있어서 우리가 직접 그걸 설정해야 했어요. 이형목 교수하고 밤새 컴퓨터를 만진 거예요. 야전 침대 깔아 놓고 제가 한숨 자고 일어나면 그 친구가 한숨 자고, 이렇게 계산을 일주일을 했어요. 그러니 이 얼마나 한심한 컴퓨터예요?

그래서 그렇게 계산한 걸 어떻게 했는가 하면, 그걸 모아다가 다음 단계의 계산을 해야 하니까 데이터를 하드 디스크에 저장했어요. 그때는 하드 디스크가 진짜 하드 디스크였어요. 이만~ 했어요, 거짓말이 아니고. 그러고 나서 며칠 있다가 하드 디스크에 담아 놓은 데이터를 쓰려고 갔더니 컴퓨터를 관리하는 직원이 데이터를 지워 버린 거예요. 이게 할 짓이에요? 참으로 참담하더라고요, 참담해. 그런 사고를 당하고 나서 제가 내린 결론은 '아, 서울대학교에서 컴퓨터로 이론적인 계산을 해서 논문을 쓴다는 건 불가능한 일이구나.'였습니다.

이제 생각을 바꿔야 했죠. 생각을 바꾼다는 게 어떤 건가 하면, 대단히 이론적인 일을 하자, 대단히 골치 아픈 수식을 컴퓨터가 아니라 손으로 써서 거기에 본격적으로 덤벼들어 보자는 것이었습니다. 그게 한 가지 생각이었고, 또 한 가지 생각은 이미 외국 저널에 발표된 천문학 데이터, 관측 자료, 그것들을 그래프 용지에 적당히 점들로 찍어 어떤 경향을 파악하고 그 결과를 저의 연구에 이용해 보자는 거였어요. 점 찍는 거는 돈이 안 들어가는 일이고, 종이하고 연필만 있으면 수식 계산이 되니까 이 두 가지로 나갔어요.

그러고 나서 생각한 게 뭔가 하면, '야, 이런 연구 환경에서 우리나라의 천문학이 뿌리를 내리려면 극소수의 정예 부대가 만들어져야지, 그냥 대강 해 가지고는 망하고 말겠구나.'였습니다. 그걸 절실하게 느꼈어요. 극소수의 정예를 어떻게든 키워 내서 좋은 연구를 할 수 있는 여건인, 미국이나 유럽이나 어디든 보냈다가 다시 불러들여야 우리나라 천문학이 발을 붙이겠구나 하는 생각이 들었어요. 극소수의 정예를 키워야 했으니 어떻게 했겠어요? 저는 악독해질 수밖에 없었어요. (객석 웃음) 정말, 정말로 그렇게 안 하면 우리가 살 길이 없었던 겁니다. 그런데 돌이켜 생각해 보면 그 책략이 대단히 성공적이어서 이렇게 훌륭한 인물들이, 어디 내놔도 자랑할 수 있는 이런 훌륭한 인물들이 나왔습니다. 정말이에요. (객석 박수) 이런 인물들이 우리나라의 천문학 발전에, 그리고 과학 발전에 지대한 공헌을 하고 있는 겁니다.

요즘은 서울대학교 천문학과에서 소수 정예를 키우려고 하지 않는 것 같아요. 적정 수준의 다수를 키워 내려고 하는 것 같아요. 왜냐하면 연구 인력이 많이 필요하거든요. 그게 무슨 소리인가 하면, 공자가 말한 불기(不器)의 기(器), 그게 많이 필요한 거예요. 이거 문제 있다고, 저는 생각합니다. 그들이 그 '기'를 '불기'로 바꿀 수 있어야 한다고 생각합니다. 저의 발언이 너무 길었습니다.

원종우: 이렇게 말씀을 들어서 아시겠지만, 회상을 얘기한 이 세 분의 제자들은 고생은 했지만 여태까지도 교수님을 굉장히 존경하세요. 이걸 보면 교수님이 그때 어떤 뜻으로 그랬다는 것 정도는 젊은 나이에도 아마 다 이해하지 않았을까, 나이가 들면서 더더욱 이해하게 되지 않았을까 생각이 되는데요. 박 사장님의 경우에는 2년쯤 전에 저한테 자랑을 한 적이 있습니다. "홍승수 교수님이라고 계신데, 나는 결코 수업에서, 시험에서 F를 받은 적이 없다. 하지만 반대로 홍승수 교수님께 뭐를 부탁드린 후에 교수님께 F를 드린 적이 있다." 라고 저에게 수시로 자랑을 했는데, 그 사연을 살짝 좀 들어보겠습니다. 박 사장님이 일단 해 보세요. 그게 그렇게 통쾌하셨어요?

박 사장: 아니 저는 진짜 F를 받은 적이 없습니다. 'D-'도 받은 적이 없어요. 저는 주로 'B-', 'C+', 이 정도를 받았던 것 같아요. 공부를

열심히 하지는 않았지만 어쨌든 교수님한테 학점은 잘 받은 것 같은데요. 많은 친구들이 F도 받고 그랬습니다. 그리고 재미났던 일이 한 가지 있습니다. 제가 천체 투영관이라는 것을 만들고 있는데, 거기에서 상영되는 영화가 있어요. 그래서 프랑스 영화 하나를 우리나라 말로 바꾸면서 제가 아이디어를 냈어요. 여러분, 오늘 홍승수 교수님의 강의 들어보시니까 어떠세요? 목소리가 굉장히 좋으시지요? 그래서 저는 더빙을 성우한테 부탁하는 것보다, 아예 그냥 홍 교수님께 번역과 더빙까지 부탁드려 보면 어떨까 했습니다. 그랬더니 교수님께서 새로운 일이니 한번 해 보겠다고 하시며 멋지게 번역을 해 주셨습니다. 그리고 더빙까지 하러 갔죠. 그런데 마침 그때 목이 좀 아프셔서 목소리를 제대로 낼 수 없었을뿐더러, 교수님께서 번역에 공을 너무 많이 들이셨던 겁니다. 더빙을 처음 해 보신 것 같았어요. 번역은 너무 멋있었는데 그 문장으로 더빙을 하시려니까 너무 힘들었던 거지요.

원종우: 길고 복잡하고.

박 사장: 그렇지요. 번역은 문장이 길더라도 정확하게 설명하려고 하셨는데, 거기에 맞춰서 더빙을 하시려니까…….

원종우: 시간 맞춰서 읽어야 되니까요.

박 사장: 그렇지요, 힘드셨지요. 그런 데다 감기에 걸려 목도 아프셨고 해서, 제 마음에 만족스럽지 않았는데, 제가 그렇다고 말씀은 못 드렸어요. (객석 웃음) 그래서 조용히 있다가 완성된 편집본을 교수님한테 보내 드렸는데, 교수님이 "이것 좀 다시 해야 되겠지?" 이렇게 말씀하시는 거예요. (객석 웃음)

원종우: 박 사장님이 퇴짜 놓으신 게 아니고 교수님께서 직접?

박 사장: 예. "이것 좀 다시 해야 되겠지?" 이렇게 말씀을 하셔서 제가 "예, 한 번 더 하셔야 될 것 같습니다."라고 했습니다. 그럼 이건 제가 교수님께 F를 드린 거나 다름없지 않아요? 그래서 이 에피소드를 가지고 저는 교수님께 F를 드렸다 하고 여러 차례 말했던 겁니다. 하하하, 죄송합니다, 교수님.

원종우: 그 이야기를 하실 때마다 거의 매번 제가 들었습니다. 얼마 전에도 들었고 수시로 듣습니다. 그래서 저는 또 저분이 얼마나 맺힌 게 많으면 저럴까 하는 생각도 했는데, 홍승수 교수님은 녹음하실 때 어떠셨어요?

홍승수: 이야~, 전문가들이 돈 받는 게 다 이유가 있구나! (객석 웃음) 그때 내린 결론은 그런 거였습니다. 그리고 다루고 있는 주제가 천문

학이기 때문에 저는 그 누구보다도 잘할 수 있으리라 생각했는데, 시간을 맞춘다는 게 무척 어렵더라고요. 화면에 지나가는 것들을 맞춘다는 게 말이죠. 그래서 더빙을 하려면 번역을 슬쩍슬쩍 해야 되는데 저는 도저히 그게 안 되더라고요. 그래서 그다음부터 더빙은 안 하기로 했습니다.

원종우: 제가 홍승수 교수님에 대한 전설적인 얘기를 최근에 들은 게 있습니다. 국립고흥청소년우주체험센터였던가요? 거기에 책임자로 가 계실 때 그곳의 연구직 직원뿐만 아니라 일반 직원들까지도 수학 문제를 풀게 하셨다는데, 그게 사실인가요?

홍승수: 사실입니다. 제가 제 의지에 의해서가 아니라 그곳의 여건 때문에 첫 2년 임기를 마치고 나서 두 번째 임기까지 맡게 됐어요. 그런데 노조에서 연임 반대 대자보를 올렸어요. 그 대자보를 올린 이유 중 하나가 '교육을 너무 많이 시킨다.'였어요. 그게 아마 지금도 인터넷 공간에 떠돌아다니는 것 같더라고요. 인터넷에 '홍승수'라는 이름을 검색하면 아마 그 대자보가 나오는 것 같아요. '교육을 너무 시켜서 연임은 안 된다.' 그랬습니다.

국립고흥청소년우주체험센터의 상황을 좀 살펴보면, 거기에는 청소년들이 오잖아요. 그 청소년들에게 하늘을 체험할 수 있도록 해 줘야 하는데, 그걸 누군가 지도해 줘야겠지요. 그래서 지도 교사들이 있어요. 그런데 제가 가서 이 지도 교사들을 살펴보니, 과학 전공자들이 아니에요. 레크리에이션, 스포츠 댄스, 국문학, 영문학을 전공해서 과학과는 거리가 먼 공부를 하신 분들이 많은 겁니다. 학생들에게 수식을 써서 설명하지 않더라도(그럴 필요도 없지만), 설명하는 교사는 해당 문제를 깊이 이해하고 있어야 하거든요. 그 깊은 이해를 하려면 수학을 동원하지 않을 수 없어요. 전문가 수준에서 말입니다. 그런데 제가 뭘 좀 설명하려고 하면 미분, 적분을 모르는 거예요. 어떻게 해요? 가르쳐야 할 것 아니에요? 그래서 뭐, 가르쳤을 뿐이에요. (객석 웃음과 박수)

K 박사: 미분, 적분을 모르면 사람 취급을 당하기 어렵습니다. 제가 조금 덧붙이면요, 아까 고흥청소년우주체험센터의 원장 임기에 관해 말씀하셨는데, 2년 임기를 마치고 다음 2년 임기로 연임을 하실 때 노조에서 문제를 제기했었습니다. 보통 그런 경우에는, 뭔가 평소 행동에 문제가 있거나 비리가 있거나 해서 그런 걸 찔러 문제 제기를 하는데 그런 게 없었습니다. 교육을 너무 많이 시킨다고 문제 제기를 하면 그게 먹혀들 리 없잖아요.

그것과 비슷한 예를 들자면, 사실 저희가 대학교에 다닐 때도 교수님이 학점을 워낙 짜게 주시니까, 반항기 많은 운동권 학생들이 얼마나 싫어했겠어요, 교수님을! 그런데 뭐, 꼬투리 잡을 것이 없었던 거예요. 자기들이 공부 안 했으니까. 공부 안 한 사람한테 학점 안 준다는데, 뭘 어떻게 하겠습니까?

게다가 예나 지금이나 대학원 같은 데서 교수님들이 학생들의 인건비를 살짝 착복하는 경우가 종종 있죠. 그러나 저희 교수님뿐만 아니라 저희 천문학과에는 그런 분들이 전혀 없었습니다. 오히려 어떻게 하면 학생들한테 좀 더 챙겨 줄까, 이런 걸 고민하시는 분들뿐이었죠. 그러니 불만이 있어도 어디 가서 욕할 수는 없었습니다. 또 지금은 논문 같은 걸 다 인터넷으로 보거나 그걸 인쇄해서 보는데, 옛날에는 도서관에 쌓인 학술지들에서 필요한 논문을 복사해서 봐야 했어요. 하지만 교수님은 교수님들 가운데에서도 최고 연장자인데도 불구하고 항상 직접 복사를 하셨습니다. 누구한테 복사 좀 해달라고 시키는 경우가 없었거든요. 그러니 당연히 모든 사람들이 자기한테 필요한 논문을 직접 복사하는 그런 분위기가 형성됐습니다.

원종우: 아, 그게 서울대 천문학과의 전통이군요. 직접 복사하는.

윤성철: 그런 예가 모여서, 저희 천문학과에 부당한 지시나 불합리한 위계 같은 게 전혀 없는 그러한 분위기가 만들어진 게 아닌가, 생각됩니다.

편집자가 들려주는 번역과 퇴고 그리고 교정의 전설

원종우: 우리 사회의 합리성에 관한 얘기를 많이 해 주셨는데, 홍승수 교수님도 아까 그렇게 말씀해 주셨지만 하나에서 열까지 우리 주변에 챙길 게 굉장히 많습니다. 그런데 그런 개념이 거의 없어서 다들 당연하게 불합리했던 시절인 1980년대에, 그때부터 그렇게 솔선수범해 주셨던 교수님이기에 지금까지도 엄청나게 존경을 받고 계신 것 같습니다. 그리고 아까 교수님이 번역 얘기를 처음 하셨을 때 권기호 선생님이라는 분을 얘기하셨는데 오셨다 가셨습니다.

홍승수: 권기호 선생님, 계시는 것 같은데요.

원종우: 권기호 선생님, 계신가요? 아까 가셨다고 그러셔서. 아, 예, 권기호 선생님 먼저 모셔서…… .

권기호: 인사드리겠습니다. 권기호입니다.

원종우: 그럼 결국 권기호 선생님이 새로운 한국어 번역 결정판이라고 할 『코스모스』를 내는 데 산파 역할을 하신 것으로 제가 이해가 되는데요, 그러신 거지요?

권기호: 산파 역할이라고까지 이렇게 과찬의 말씀을 하시니까, 너무 부끄럽고요. 저는 원래 수의학을 전공했습니다. 그런데 문학도의 꿈을 꾸고 출판사에 들어가서 소설책을 만들어 보고 싶었는데 과학책을 만들라고 해서 처음에는 좀 막막했습니다. 그러다 주변의 책방에 가 보니 옛날에 봤던 책들 가운데 없어진 것들이 있었습니다. 그래서 그 목록을 작성하고 그중 절판되어 새로 나오지 않은 책이 무엇인지 확인했는데, 가장 눈에 띄는 책이 바로 『코스모스』였습니다. 그래서 외서 저작권 계약을 정식으로 한창 하던 시기라서 저작권을 알아보니까 국내에 정식으로 계약된 바가 없어서 일단 계약부터 하고 그다음에 번역하실 분을 나름 엄밀하게 찾았습니다.

그런데 아까 제가 제 아이들 때문에 강의를 듣다 못 듣다 했는데, 저를 언급하시는 부분을 살짝 들었습니다. 조지프 실크의 『대폭발』이라는 책이 있었고, 그 책을 번역하신 분이 홍승수 교수님이었습니다. 그 책이 좀 어려워서 잘은 모르지만 열심히 들여다보다가 교수님을 한번 만나 뵙고 싶다는 생각을 했습니다. 그래서 무턱대고 찾아뵈었는데, 책 이전에 교수님이 너무 좋았습니다. (객석 웃음) 책에도 반하지만 사람한테도 반할 수 있지 않습니까? 꼭 이성이 아니더라도. 그러다 보니 제 주례까지 서 주셨습니다.

제가 번역을 의뢰드리고 나서 시간이 좀 걸렸습니다. 보통 요즘 전문 번역가들은 반년이나 1년 정도면 어려운 책이라도 번역 원고를 보내 줍니다. 그런데 한 해가 가고, 또 한 해가 가고, 또 한 해가 가도 (객석 웃음) 연락이 없으셨습니다. 물론 제가 가끔 연락을 드리기는 했습니다만 강한 독촉은 못 드렸고, 어쩌면 서로 소원해질 법도 한데 제가 잊지 못하고 느닷없이 주례를 부탁드렸습니다. 아무튼 제가 예상했던 것보다 훨씬 공을 들여서 훌륭한 번역을 해 주신 것에 지금도 너무나 감사드리고 있고요. 그리고 역시 예상을 한 건 아니지만 책이 나온 이후에 정말 많은 분들이 꾸준하게 읽어 주셔서 독자 분들께도 깊이 감사를 드립니다. (객석 박수)

원종우: 그럼에도 불구하고 책이 나오기 전에, 물론 번역에 꽤나 긴 시간이 걸렸기 때문이지만, 그만 어디론가 사라지시고 노의성 편집장님이 등장해서 지금까지 사이언스북스 편집장을 하고 계신데요. 잠깐 나와서 한마디 하세요. 저희랑은 굉장히 자주 만나고 있고 친한 사이입니다. 책이 완성되는 시점에는 노의성 편집장님이 그 역할을 하신 것 같고요. 잠깐 앉아서 말씀하시지요. (객석 박수)

노의성: 원래 저희가 이 팟캐스트에 광고하다고 했을 때 제가 나와야 한다는 얘기는 없었잖아요? 저희는 광고주입니다.

원종우: 예, 저희 광고주이십니다. 자주는 안 하시고요. 어쩌다 한 번씩 하시죠.

노의성: 사이언스북스의 노의성이라고 합니다. (객석 박수) 교수님께서 학회에 한창 나가 계신데, 공사로 다망하신데 번거롭게 해 드렸던 것에는 사실 한 가지 사연이 있었습니다. 여기에 혹시 갖고 계신 분들이 있을지 모르겠는데, 『코스모스』가 처음에는 양장본으로 나왔고, 1판 5쇄까지는 전부 서울에서 찍지 않고 중국에서 찍었습니다. 그래서 생산지가 홍콩 혹은 선전(深圳)으로 표시가 되어 있을 겁니다. 당시에 원래 홍콩에서 화폐를 찍던 인쇄 회사가 선전에 있었습니다. 화폐하고 주식 같은 것들을 찍는 중국 최고의, 세계 최고 수준의 인쇄소였습니다. 그래서 그쪽하고 거래를 터서 인쇄 날짜가 정해져 있었던 겁니다. 데이터와 모든 필요 사항을 몇 월 며칠까지 보내지 않으면 안 되는 그런 굉장히 급한 상황이었고, 그래서 어쩔 수 없이 교수님을 번거롭게 해 드렸던 겁니다. 실제로 1판 5쇄까지는 종이와 인쇄와 모든 게 다 다릅니다. 혹시 그걸 갖고 계신 분들은 판권 페이지를 확인해 보면 다른 나라에서 찍은 책이라는 사실을 확인할 수 있을 겁니다. 이게 바로 그때 교수님을 괴롭혀 드린 것에 대한 변명 아닌 변명입니다.

원종우: 이제야 고백을 하시는 거예요?

노의성: 아닙니다. 교수님은 알고 계셨습니다.

원종우: 예, 알고 계셨겠지요. 그때만 해도 종이 뭉치가 오고 갔던 건가요? 교정지가?

노의성: PDF를 만들기가 쉽지 않은 때였기 때문이에요.

원종우: 아, 예. 그래서 종이 뭉치들이 해외 소포로 왔다 갔다 하고, 뭐, 이랬던 건가요?

노의성: 예. 그렇게도 보냈었고요, 전화로도 여쭤서 고칠 걸 받아 고치고 그랬었지요.

원종우: 그래서 어쨌든 다들 아시겠지만 『코스모스』가 YES24든 어디든 온라인 서점 과학 분야에서 아마 출간 때부터 지금까지 거의 부동의 1위인 것 같은데요. 노의성 편집장님은 과거 1980년대에 번역된 판본들에 비해 이 새로운 번역이 책의 흥행에 굉장히 큰 역할을 했다고 생각하십니까? 물론 뭐, 그렇게 생각한다고 대답하실 수밖에 없는 상황이기는 하지만요, 어떤 차이라든가 그런 것들을 본인은 어떻게 느끼셨는지?

노의성: 그때 저희가 교수님한테 번역 원고를 받을 때 장별로 따로 받았었거든요. 그런데 번역 원고 장마다 맨 끝에 교수님의 메모가 이

렇게 다 붙어 있었습니다. 그 메모가 약간 이상한 게, 끝에 날짜가 있고 약자들이 있었던 겁니다. 그러니까 교수님이 번역을 하실 때 한 장을 번역하고 한 번만 읽으신 게 아니라 몇 년에 걸쳐서 서너 번을 읽으며 퇴고를 하신 겁니다. 그래서 그 흔적이 원고 끝에 남아 있었고 대부분의 장마다 대여섯 개의 메모가 있었습니다. 그러니까 번역을 일단 마치고 다시 손보는 퇴고를 서너 번, 네댓 번은 충분히 하신 흔적이 그렇게 원고 파일에 남아 있더라고요. 그리고 거기에 아드님 성함하고 따님 성함도 있었는데, 누가 어떻게 도와줬고 어떠한 것들을 자문해 줬는지 알 수 있는 그런 메모들도 다 붙어 있었습니다. 그래서 그걸 보면서 교수님이 3년 6개월 넘게 번역하신 게 보통 공을 들여서 하신 게 아니라는 걸 좀 알 수 있었지요.

원종우: 예. 교수님이 아까 번역이 굉장히 어려운 작업이었다고 말씀하셨는데, 그냥 어렵고 힘들고 고생스럽게 번역을 한 것에서 끝내지 않고 더 나은 결과물을 위해 그만큼 노력을 하신 그런 증거를 사이언스북에서 아직까지 갖고 계신가요? 혹시 그 메모도?

노의성: 예.

교수님,
존경합니다, 감사합니다!

원종우: 그런 메모들은 소장하고 있으면 나중에 역사적 자료로 쓸 수 있을 것도 같군요. 제가 방금 얘기를 들었는데, 이곳 '벙커1'이 공사를 하다가 지금 중단을 하고 있답니다. 아까 쿵쾅 소리 들으셨지요? 그래서 좀 이따가 공사를 재개해야 한다고 하니까 빨리 질의응답으로 넘어가야 할 상황입니다. 권기호, 노의성, 두 분은 이제 내려가 주십시오. 감사합니다. (객석 박수) 여기 계신 제자분들은 늘 교수님께 야단을 맞고 훈육을 당하고 잔소리를 듣는 입장이었을 텐데, 내일이 스승의 날이기도 하니 그냥 간단하게 낯 뜨거우나마 교수님께 드리고 싶은 말씀을 짧게 하고 내려가시는 걸로 하지요. 윤성철 교수님, 한참 얘기를 안 하셨으니까 먼저 얘기해 보시겠어요?

윤성철: 아까 교수님께서 강의 중에, 연구 계획서를 썼는데 글이 너무 엉망이라는 지적을 받으셨다는 에피소드를 말씀하셨는데, 사실은 글을 엄청나게 잘 쓰세요. 그리고 심지어 저한테 이메일을 주실 때도 한 문장, 한 문장이 명문장입니다. 2011년에 제 딸아이가 태어났는데, 그 소식을 전해 드리고 나서 받은 이메일 글을 잠깐 읽어 드리고 저는 마치겠습니다.

"아이를 키울 때 아이에 대한 고마움, 곧 하느님께 드려야 할 감사함을 몰랐습니다. 그저 힘이 든 것만 느꼈지. 아이들의 모습에서 읽을 수 있는 기쁨의 깊이와 진함과 짜릿함을 의식할 시간적, 정신적 여유가 없었습니다. 그만큼 미숙했습니다. 참 묘해요. 우리네 미성숙한 인간들이 아기를 성숙의 과정으로 이끌 수 있다는 게. 생명의 무서움. 300만 년에 걸친 시행착오의 결과가 생명에게 이렇게 가늠할 수 없는 능력을 부여했나 봅니다. 내 삶을 사는 건 그래서 그만큼 무섭고 귀한 것이기에 부서지도록 굳게 껴안고 사랑하고 싶습니다."

제가 당시 이 글을 읽고 정말 큰 위안을 받았습니다. 귀한 생명에 대해 이렇게 부서지도록 굳게 껴안고 사랑하고 싶다는 교수님의 말씀을 통해서 그때 커다란 힘을 받았던 기억이 났고요. 다시 한번 감사드립니다. (객석 박수)

원종우: 보통 우리는 주변에서 애 낳았다고 하면 이렇게 얘기하지요. 그래, 축하한다. 딸이야, 아들이야? 이 정도로 끝내는데, 교수님은 저렇게 의미를 담아서, 제자인데도 존댓말을 사용해 말씀해 주셨습니다. 그래서 수년이 지난 지금까지도 제자가 그 말씀을 품고 있다가 들고 나와서 읽게 만드는 그런 힘을 가지신 분입니다. K 박사님은?

K 박사: 윤성철 교수님을 나중에 시켰어야지요.

원종우: 그러네요. 이제 무슨 얘기를 해도 다 시시하고 무성의하게 보일 것 같네요.

K 박사: 아까 제가 에피소드를 말씀드렸는데, 특히 학부 때 기억이 많습니다. 교수님은 기억이 없으시겠지만 그때 저에게는 솔직히 굉장히 무섭기만 하고 다가가기 어려운 분이었는데, 지금 생각해 보면 그때 오히려 제가 좀 미숙했던 것 같고요. 그리고 아까 말씀하신 대로 홍승수 교수님뿐만 아니라 저희 천문학과의 다른 교수님들도 저희를 정말 올바른 길로 이끌려고 노력을 많이 하셨구나 하는 걸 잘 알 수 있습니다. 저희 천문학과 사람들이 해외에 진출하고 현재 발전해 나가는 모습도 교수님들의 방향이 올바르기 때문에 지금도 올바르게 가고 있지 않나 하는 생각을 하고요. 교수님은 그때보다 지금 내공이 더 깊어졌습니다. 분명히 지금은 그때보다 제가 훨씬 더 자주 뵙고 더 편하게 대하고 교류가 많은데도 불구하고 오히려 그때보다 더 어려움을 느끼는 것은 점점 더 내공이 깊어지시기 때문인 것 같고요. (객석 웃음) 그래서 점점 더 저랑 멀어지시는 게 아닌가 하는 생각이 들어, 제가 쫓아가려면 열심히 해야 되겠구나 하는 생각을 합니다. 마지막으로, 아까 반성을 한 게 있습니다. 제가 얼마 전에 책 한 권을 번역해서 출판사에 넘긴 원고가 있거든요. 물리학자 스티븐 와인버그(Steven Weinberg)가 쓴 책인데 번역 원고를 빨리 다시 받아서 보고 넘겨야겠구나 하는 생각을 하게 됐습니다.

원종우: 박 사장님은 어떻게?

박 사장: 저는 최근에 교수님 강의를 여러 번 들을 기회가 있었습니다. 들을 때마다 매번 새로운 느낌을 받고 새로운 감동을 받고 그랬습니다. 특히 저는 여기 두 친구들과 다르게 학자가 아닙니다. 그냥 여러분과 똑같은 그런 보통 사람인데도 교수님의 강의를 들을 때마다 여러모로 배우는 것이 많고 즐겁습니다. 내용도 내용이지만, 특히 굉장히 우렁찬 목소리에 자신감 넘치는 모습, 그리고 뭔가를 전해 주려고 하는 열정, 이런 것들을 느낄 때 아주, 아주 감동이 깊습니다. 그래서 교수님이 여러분과 조금이라도 더 자주 만날 수 있는, 더 많은 사람들에게 강의할 수 있는 이런 기회가 더 많았으면 좋겠고요, 부디 건강하시기 바랍니다. 감사합니다. (객석 박수)

진지하게 묻고, 더 진지하게 답하고, 밝은 미래를 희망하다

원종우: 세 분, 감사합니다. 질의응답을 진행해야 할 시간이네요. 질문이 굉장히 많이 들어왔는데요. 이 질문들에 다 대답하기는 무리인 것 같고, 또 중복되는 게 많기 때문에 제가 골라서 말씀드리도록 하겠습니다. 딱 5개만 하겠습니다. 아마 좀 길게 대답하실 질문도 있기

때문에 5개만 하고요, 제가 고르는 질문 5개의 주인공에게는 『코스모스』 책을 드립니다. 그 책에는 교수님의 사인이 되어 있습니다. 비슷한 질문이 많기 때문에 복불복입니다.

첫 번째 질문부터 하겠습니다. 사실 이것은 제가 처음에 드리려고 했던 질문인데, 정확하게 똑같이 질문하신 분이 있어서 먼저 골랐습니다. 스페이스(space)와 유니버스(universe)와 코스모스(cosmos)가 다 우리말로 '우주'이지 않습니까? 이 세 단어의 차이가 무엇인지, 그리고 왜 이 책은 '코스모스'여야 했을까, 이런 질문입니다.

홍승수: 대단한 질문을 어느 분이 해 주셨습니다. 고맙습니다. 우리말은 이 세 가지 개념을 구별해서 쓰고 있지 않습니다. 그냥 전부 다 '우주(宇宙)'라고 부르고 있습니다. 제가 지금 말씀드리는 내용을 여러분이 다 알고 계실 수 있지만, 저는 이렇게 생각합니다. '유니버스'라고 하면, '이 세상에 있는 모든 것'이라는 개념입니다. 모든 걸 다 뭉뚱그려 하나로 생각하는 것. 우리말에 그런 게 있습니다. 우수마발(牛溲馬勃). 소가 싸는 오줌, 말이 누는 똥. '유니버스'는 이런 것까지 다 아우르는 모든 것입니다. 그래서 총체적으로 '유니(uni, 하나)'가 되어 버린 것, 그게 '유니버스'입니다. 그걸 구성하고 있는 모든 성분들을 하나로 묶으려고 쓰는 말입니다.

'스페이스'는 사실 '유니버스'나 '코스모스'와 이렇게 어깨를 겨룰 만한 개념이 아닙니다. '스페이스'는 '공간'입니다, 그렇지요?

그냥 공간입니다. 그런데 우주와 관련해서 '스페이스'를 얘기할 때는 인공 위성이 떠도는 공간, 지구 표면에서부터 몇 십 킬로미터 정도 되는 공간, 최대 1,000킬로미터도 안 되는 그런 공간, 다시 말해 지구 근접 공간, 그게 '스페이스'입니다. 우리가 우주선을 띄운다, 우주 과학을 한다, 우주 공학을 한다, 그럴 때의 그 우주는 사실 지구 근접 공간을 말합니다. 따라서 '스페이스'는 지극히 제한적인 것이고, 천문학적인 관점에서 보면, 표현이 좀 그렇습니다만 '잽이 안 되는' 그런 개념입니다.

그렇지만 '코스모스', 이건 엄청난 의미를 지니고 있습니다. '코스모스'는 '질서'잖아요, 그렇죠? 그러면 그것에 대응되는 걸로 여러분은 무슨 개념을 떠올립니까? 어떤 단어를 떠올립니까? '카오스(chaos)'지요, 그렇지요? '카오스'는 '코스모스'와 반대입니다. 이건 '혼돈'이에요, 혼돈의 세상이에요. 그런데 그 혼돈의 세상을 하나의 일관된 눈으로 하나의 질서 체계로 보는 것, 그게 '코스모스'입니다. '유니버스'라고 할 때는 뭐가 있든 말든 왜 있는지 고민할 필요도 없이 있는 것 전부 다 그렇게 뭉뚱그리지만, '코스모스'라고 할 때는 잡다한 모든 것들, '잡다하다.'는 불경한 얘기인데 하여간, 그 모든 것들의 사이와 배경에 질서, 원리, 진리, 이런 것들의 체계가 있다는 걸 전제로 하는 겁니다.

그러니까 세이건은 '유니버스'라는 소리도 안 썼고, 구체적으로는 '애스트로노미컬 유니버스(astronomical universe)'라는 소리도 안 썼고, '스페이스 시대' 같은 말도 자기 책에서 안 썼습니다. 세이건이 '코스모스'라는 이 멋진 단어 하나로 자기 체계를 다 설명했던 것은, 물리학적인 세계뿐만이 아니라 사회학적인 것, 심리학적인 것, 철학적인 것, 이런 것들까지 다 하나의 진리 체계로 뭉뚱그리고 싶었기 때문입니다. 정말 멋들어진 책 제목을 붙였다고 생각됩니다.

여기 계신 철학자는 좀 다르게 보실 거예요. (객석 박수)

원종우: 예, 뭐, 제가 철학을 공부했다고는 하지만, 사실 앞에 올라오신 K 박사님이나 박 사장님보다 훨씬 나쁜 학생이었습니다. 공부도 정말 안 했고 운동권조차 아니었습니다. 철학을 공부했다는 얘기를 들을 때마다, 순수하지도 않은 주제에 공부도 하지 않은 그런 학생이어서 참 민망합니다. 어쨌든 뜻하지 않게 때로는 이게 제 무기로 사용되는 것 같아 한편으로는 기분이 좋기도 하고요.

두 번째 질문을 드리겠습니다. 교수님 강의에서 종교와 관련된 얘기가 나왔었습니다, 그렇지요? 여기에 나오시는 분들의 종교에 대한 입장이 여러 가지긴 한데, 앞에서 하신 얘기들에 이어 교수님의 얘기를 좀 더 들어봤으면 합니다.

"교수님, 강연 잘 들었습니다. 강연에서 종교와 과학의 관계에 관심이 많다고 하셨는데요, 그와 관련해 어떤 활동을 하고 계신지, 또 종교와 과학의 관계를 어떻게 보고 계신지, 말씀 부탁드립니다."

홍승수: 제가 이런 질문이 나오리라 생각하고 있었습니다. 그렇다고 해서 이 질문에 대한 답을 준비하고 나온 건 전혀 아닙니다. 서양에 가서 서양 과학을 공부하긴 했습니다만, 동양적인 문화 배경에서 자란 저는 신(神)의 개념, 종교에서 얘기하는 신에 물음표를 꼭 붙이고 있어요. 왜냐하면 사람마다 그 신이 다르니까. 저는 그 신이라는 개념을 무위자연(無爲自然)과 독립적으로 분리해서 생각하고 싶지가 않아요. 아까 '코스모스'를 얘기하면서 이 우주의 질서 체계를 염두에 뒀잖아요? 우리에게 적당한 단어가 없어서 '신'이라는 표현을 사용할 뿐이지, '자연'이라고 그래도 괜찮겠고, 그 자연을 지배하고 있거나 자연 세계가 진행하고 있는 어떤 '진리 체계', 그런 것을 신이라고 봐도 저는 크게 문제가 없을 것 같아요. 제가 생각하는 신은 '인격적인 신'에 국한되지 않아요.

그런데 물론 제가 생각하는 신에도 인간적인 약점이 있습니다. 제가 절박한 상황에 처하면 신에게 매달립니다. 그렇게 매달릴 때 제가 "아, 우주 만상이여, 나의 이 절박한 문제를 해결해 주십시오." 이렇게 기도하지는 않지요, 그렇지요? "하느님, 저의 이 문제를 어떻게 해결하면 좋겠습니까? 저에게 지혜를 주십시오."라고 기도하지요, 그렇지요? 그러니까 이게 이중적이에요. 그래서 제가 이런 종교에 대해 과학적인 멋진 생각을 갖고 있다손 치더라도 인간에게 내재해 있는 절대자를 향한 발악 같은 것, 이건 그냥 없어질 수 없다고 저는 생각하는 거예요. 이게 신과 과학에 대한, 종교와 과학에 대한 저

의 아주 소박한 생각입니다. (객석 박수)

원종우: 여러 분들이 같은 질문을 해 주셨습니다. 그런데 그중에서 가장 뭐랄까, 포괄적인 질문을 골라서 전달해 드렸고요. 어쨌든 질문이 뽑힌 분에게는『코스모스』를 드립니다.

다음 질문으로 넘어가겠습니다. 사실 칼 세이건의 작품 중에 굉장히 유명한 작품이 많긴 하지만 우리가 빼놓을 수 없는 게『콘택트』아니겠습니까? 영화를 보신 분들은 그 원작 소설의 작가가 칼 세이건이라는 걸 아실 텐데요, 이 질문을 하신 분은『콘택트』를 영화로 보신 게 아니라 책으로 읽으신 것 같아요. 칼 세이건의『콘택트』를 읽고 작품 속의 그런 일이 일어났으면 하고 바라셨답니다. 그런데 교수님은 외계인과의 조우가 어떤 형태로 이루어질 거라고 생각하십니까?

홍승수: 이거 대단히 어려운 질문을 하셨는데, 저는 극히 최근까지도, 지구인과 외계인의 커뮤니케이션이 이루어지려면 앞으로 수억 년이 걸릴지 모른다, 아니 실질적으로는 영원히 불가능하지 않을까, 그렇게 굉장히 오랫동안 생각해 왔습니다. 물론 그런 커뮤니케이션은 가능합니다. 요즘 그런 걸 하고 있습니다.

"아, 저기 저 별 주위에 지금 행성이 돌고 있는데 그 행성의 크기며 질량 같은 걸 조사해 봤더니 저게 지구와 비슷한 고체 행성이야.

그러고 중심별에서부터 어느 정도 거리에 떨어져 있는 걸 보면 저 행성의 표면 온도는 몇 도쯤 될 거야. 그렇다면 거기에는 물 분자(H_2O)가 액체 위상으로 존재할 수 있겠어. 생명도 있겠지. 지구 문명이 발달해 오다 최근 100년 동안 엄청난 변화를 겪은 것처럼, 그 생명도 빠르게 변화하며 발달할 수 있겠지. 외계 문명과의 커뮤니케이션은 그 대상을 딱 정할 수 있으니, 거기다 집중적으로 전파 같은 걸 보낼 수 있겠어."

이런 겁니다. 집중 공략을 할 수 있습니다. 게다가 우리의 지구 문명이 발달한 속도를 볼 것 같으면, 그들이 우리보다 1,000년만 앞서 있다고 해도 그건 어마어마한 수준의 문명일 겁니다. 그러니 여기에서 우리가 전파를, 즉 추파를 지속적으로 던지면 그들이 기가 막히게 그걸 알아차려서 우리에게 뭔가 메시지를 같은 방법으로 전달해 줄 것 같아요. 그럴 수 있는 문명이 잉태된 외계 행성은 20광년 이내에도 있을 거예요. 길게 잡아 40년이면 그런 커뮤니케이션이 가능하다는 얘기죠.

하지만 좀 복잡할 거예요. 예를 들어 "너희에게 하느님이 있느냐?" 이건 묻기가 어려울 것 아니예요, 그렇지요? 쉽지가 않을 거예요. 그래서 그런 커뮤니케이션까지 이루어지려면 아까 말씀드렸듯이 1억 년 더 있어야 될지, 아니면 수만 년 더 있어야 될지 모르겠지만, 거의 불가능한 수준의 것이 아닐까, 그렇게 생각해 왔어요.

그런데 최근에 와서 제 생각이 바뀌었습니다. 「인터스텔라」나

「콘택트」 때문에 제 생각이 바뀌었다는 게 아니라, '존재하는 모든 것들의 존재 양식이 다 같은 건 아니구나.'라는 데에 제 생각이 모이기 시작하더라고요. 예를 들어 열쇠가 있다고 하면, 있는 것, 이건 만져서 구체적으로 알 수 있는 그런 겁니다. 그렇지만 낙엽에 추억이 들어 있다, 여러분은 이걸 어떻게 생각해요? 가을에 연애해 보신 분들은 알잖아요? 이것도 '있는 것'입니다, 그렇지요? 그러니까 추억의 존재 양식하고 열쇠의 존재 양식은 다르단 말이에요. 우리는 뭘 해야 하는가 하면, '있다, 없다.', 이걸 보는 눈의 폭을 넓혀야 해요. 그러면 새로운 양식의 커뮤니케이션 기법이 나올 거라고 봅니다. 존재하는 대상의 성격에 따라 존재하는 양식이 다르기 때문에 우리는 그 양식을 통해야 커뮤니케이션을 할 수 있으리라 보는 거예요. 구체적인 방안을 제시하라고 하면 저는 두 손 들고 도망가겠지만, 우리는 그럴 가능성을 열어 놔야 한단 말이지요. '아, 존재 양식이 이렇게 다양하구나.'라는 걸. 그러면 의외로 빨리 외계와의 커뮤니케이션이, 의미 있는 커뮤니케이션이 이루어질 수 있으리라 생각합니다. (객석 박수)

원종우: 나사(NASA, 미국 항공 우주국)에서 20~30년 내로 외계 생명체의 증거를 확인할 수 있을 거라는 얘기를 하지요. 그 생명이 세균일지, 아니면 고등 문명을 건설한 생명체일지는 아직 알 수 없지만, 많은 분들이 그렇게 생각하시는 것 같습니다. 그런 날이 빨리 오기를 정말

바라고요. 그런 날이 오면 또 이 자리에서 저희가 특집 방송을 하게 되지 않을까 생각됩니다. 두 가지 질문 중 하나를 드리겠습니다.

"저는 현재 화학을 공부하는 대학생입니다. 지구 온난화 문제를 보면서 자본이 과학을 따라가는 것이 아니라 과학이 자본을 따라간다는 생각이 듭니다. 이 현상이 자연스러운 현상일지 모른다는 생각도 했는데 이런 문제에 대해서 어떻게 생각하시는지요?"

홍승수: 그건 제가 답할 수 있는 수준의 주제가 아니고요. 장회익 교수님, 안 오셨어요?

원종우: 아, 예.

홍승수: 장회익 교수님 한번 모셔서 그분한테 이런 질문을 하시면 좋은 답을 들으실 것 같습니다. 저는 그분과 같은 고차원적인 관점에서 이 질문에 대한 답을 드리지는 못합니다.

그런데 과학이 어떤 의미에서는 절대 진리를 추구하고 있잖아요? 과연 그러하냐고 물으면, 그런 것 같지는 않단 말이에요. 사회의 일반적인 분위기와 동떨어져서 과학이 따로 갈 수 있느냐고 물으면, 그런 것 같지 않아요.

현대에 와서는 이게 더 심각한 문제가 되고 있어요. 그전에는 자기 집 뒤뜰에 자기가 만든 망원경을 걸쳐 놓고 천문학을 공부할 수 있었어요. 윌리엄 허셜(William Herschel)이 그런 분이었습니다. 조교는 누이동생이었어요. 자기만의 연구를 할 수 있었어요. 그런데 오늘날의 연구는 그런 게 아니잖아요? 국가가 돈을 엄청 집어넣어 줘야 돼요. 세금을 써야 하는데 사회가 동의하지 않으면 국가가 줄 수가 없는 거지요. 그러니 사회가 원하는 연구를 해야 해요. 조금 더 지저분한 수준까지 내려오면, 가습기 살균제 독성 연구 같은 것을 거짓 되게 해야 한다는 말이지요.

이 질문을 하신 분이 문제를 정말 정확하게 제시해 줬어요. 그래서 과학 하는 사람들이 도덕적으로 철저히 무장되어 있어야 합니다. 그러려면 여러분처럼 인문학적인 사유와 과학적인 사유를 동시에 구사할 수 있는 분들의 무서운 감시의 눈이 있어야 합니다. 그래야 진정으로 의미 있는 과학이 이루어질 수 있으리라고 생각합니다. (객석 박수)

원종우: 이제 마지막 질문이 남았는데요. 마지막 질문에 대한 답해 주시면서 저희한테 마지막으로 한마디 이어서 해 주시고 이 자리를 마치면 될 것 같습니다. 마지막 질문은 아주 간단합니다. 초등학생 강예민입니다. 강예민 학생, 어디 있어요?

강예민: "천문학자가 되려면 어떻게 해야 하나요?" (객석 박수와 환호)

홍승수: 아, 이건 정말 어려운 질문입니다. 사실 천문학자는 무엇을 해도 될 수 있습니다. 저는 천문학자가 되는 정통 코스를 밟았을 뿐입니다. 거의 운명적으로 그런 길을 택해 와서 천문학을 했는데, 요즘은 생물학자가 되어도 훌륭한 천문학자가 될 수 있습니다. 수학을 해도, 아니 인문학을 해도 훌륭한 천문학자가 될 수 있지 싶습니다. 문제는 천체 현상을 얼마나 애정을 갖고 바라보느냐, 여기에 달려 있습니다. 천체 현상에 대한, 천문 현상에 대한 애정만 갖고 있다면 무슨 일을 하든지 간에 천문학자가 될 수 있습니다.

우주의 팽창을 알아내는 데는 물론 허블의 법칙이 중요했지만, 허블의 법칙이 나오게 된 배경에는 밀턴 래슬 휴메이슨(Milton Lasell Humason)이라는 조수의 역할이 중요했습니다. 이 조수가 무얼 한 분인가 하면, 에드윈 파웰 허블(Edwin Powell Hubble)이 팔로마 산에 망원경 거울을 끌어올릴 때 그걸 마차에 싣고 올린 분입니다. 마부였어요. 그분이 우주 팽창이라는 사실을 알아내는 데 결정적인 기여를 했습니다. 허블과 함께하다 보니까 천문학이 너무 재미있었던 거예요. 사랑에 빠졌지요. 몰두하기 시작했어요. 그래서 훌륭한 천문학 업적을 남겼습니다.

그러니 뭐를 하든 괜찮아요. 그림을 열심히 그려도 좋아요. 하지만 순수하고 뿌리 깊게 붙잡고 늘어지는 그런 걸 하셔야 될 거예요. 설령 어머니가 "야, 너, 대학 졸업하고 돈벌이 되는 기 해아지."라고 하시더라도 무시하고, (객석 웃음과 박수) 자기가 정말 하고 싶은 것에 매달리세요. 그러면 이루어져요.

원종우: 마지막 정리 말씀도 간단하게 해 주시죠.

홍승수: 아까도 말씀드렸지만, 이런 자리가 이 날, 이런 시기에, 대한민국에서 이루어지고 있다는 사실이 저에게는 대단한 충격으로 다가왔습니다. 그리고 누차 말씀드리지만, 이렇기 때문에 우리의 미래가 굉장히 밝고, 여기 계신 분들 중 많은 분이 장차 대한민국의 칼 세이건이 되시리라 믿습니다.

그리고 정말 한 가지 부탁이 있는데, 자녀분들을 좀 놔 주세요. 자기가 하고 싶은 걸 정말 할 수 있도록 놔 주세요. 우리가 앞으로 살아가야 할 세상은 면허증 가지고, 기술 자격증 가지고 살아갈 세상이 아닙니다. '직업의 수가 인구의 수와 같아지는 세상'을 생각해 보세요. '과학과사람들'이라는 데서 그런 일을 하고 있잖습니까? 이런 직업을 상상하셨어요, 여러분? 이건 놀라운 거예요. 오늘날 직업의 개념이 완전히 바뀌고 있어요. 앞으로의 세상에서는 의과 대학을 나와 의사가 되어야 돈을 벌 수 있는 게 아니란 말이에요. 어떻게 될지 알 수 없는 세상이지요. 그러니 여기 계신 30대, 40대 여러분은 자녀분들에게 이런 폭넓은 시야를 심어 줘서 그들이 민족의 미래에 큰 기여를 하고 인류의 미래에 밝은 등불을 제시할 수 있는 그런 인물로 크도록 해 주시기 바랍니다.

감사합니다. 정말 감사합니다, 여러분! (객석 박수)

원종우: 말씀하신 대로 불과 4년 전만 해도, 제가 이런 걸 하면서 살고 있을 거라고는 생각도 못 했습니다. 저도 사실 교수님과 비슷한 말씀을 많이 드리긴 하는데, 제가 하면 무게가 많이 안 실립니다. (객석 웃음) 교수님이 하신 말씀 하나하나가 정말 도장처럼 우리의 머리와 가슴에 박히는 것 같습니다. 우리가 앞으로 살면서 부딪칠 어떤 고비나 상황, 자신의 문제, 가족의 문제, 사회의 문제 속에서 계속 곱씹으며 생각해 볼 그런 과제도 많이 던져 주셨다는 생각이 듭니다. 이렇게 저희 '과학하고 앉아 있네' 3주년 및 1000만 다운로드 기념 및 칼 세이건 20주기 및 스승의 날 및 부처님 오신 날 특별편으로 마련한 '과학 같은 소리하네' 홍승수 교수님 편을 여기서 마치도록 하겠습니다. 감사합니다. (객석 박수)

3

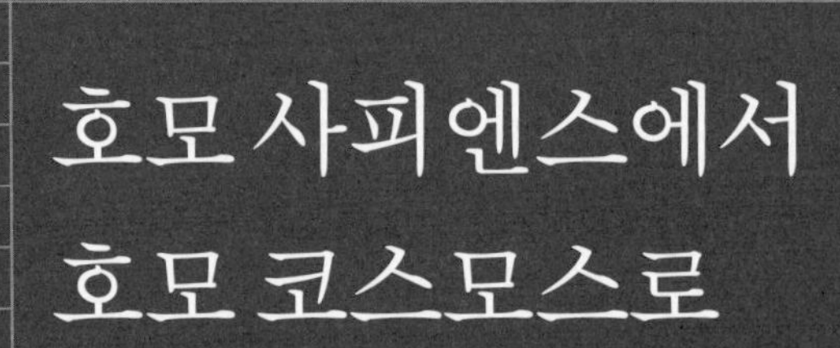

호모 사피엔스에서 호모 코스모스로

개인적으로 나는
저세상(來世)이 있으면 참 좋겠다.
특히 이 세상(現世)에 대해 계속 탐구할 수 있어서
이 세상이 어떻게 시작됐는지 알 수 있다면 말이다.

— 칼 세이건

빅 히스토리의 시작

이명현(과학 저술가, 천문학자)

이제 홍승수 교수님도 어쩔 수 없을 것 같습니다. 번역한 책을 통해서 자신의 생각을 드러내기는 쉽지 않습니다. 여러 사람과 함께 쓴 『감히, 아름다움』(최재천 엮음, 이음, 2011년)의 한 꼭지를 통해서 당신의 목소리를 직접 들려준 적이 있지만 그것은 한순간의 흑백 사진 같은 단상이었습니다. 게다가 품절입니다. 이 책은 여전히 말로 한 것을 글로 옮긴 것이지만 '홍승수'를 드러내기에는 큰 부족함이 없어 보입니다. 이 말글이 책으로 나오면서 홍승수 교수님은 이제 숨을 곳이 없어졌다고나 할까요. 이참에 아직 한 쪽도 진척이 되지 않고 있던 '그' 책도 세상에 나오기를 기대해 봅니다. 홍승수 교수님에 대해서 더 알고 싶습니다. 직접 쓰신 글도 읽고 싶습니다.

'메탈리카'라는 헤비메탈 그룹이 있습니다. 우리나라에서는 메탈리카 공연이 멤버들이 한참 나이가 들었던 어느 날에야 겨우 이루어졌습니다. 그런데 신나게 달리는 연주 중간에 그들이 갑자기 컨추리를 연주하는 것이었습니다. 그들도 이제 인생의 뒤안길을 바라볼 나이가 되었던 것입니다. 보이지 않던 세계를 보기 시작했고 마구 던지기보다는 차분하게 모으는 성찰을 시작한 것일지도 모릅니다. 메탈리카의 음악의 궤적을 동시대적으로 좇아가고 있던 제 머릿속에서 여러 가지 생각이 스쳐 지나갔습니다. 이 책 속에 등장해서 홍승수 교수님에 대한 후일담을 이야기하는 분들의 심정이 꼭 그렇지 않을까 생각합니다. 저도 그렇습니다. 이 책을 통해서 홍승수 교수님을 처음 만나는 사람들은 메탈리카처럼 질주하던 시절의 그를 떠올리기 쉽지 않을 것입니다.

하지만 그는 이 책에서 언뜻언뜻 내비치는 것처럼 열정 그 자체로 뭉친 거침없는 폭주 열차였습니다. 이 책 속의 홍승수 교수님은 『코스모스』를 만나면서 인생의 어느 임계 국면을 지나 왔고 또 다른 인생의 변곡점을 향해 가고 있는 완행 열차 같습니다. 세상을 보는 시선이 더 따뜻해졌고 더 천천히 더 깊이 세상을 보고 세상에 대해서 말하려고 합니다. 그가 지나가고 있는 그 지점, 바로 현재라는 그 교차로에서 우리는 홍승수 교수님을 만나고 있습니다. 이 책을 통해서 말입니다. 그는 주도면밀하지만 여전히 거침이 없습니다. 신념이 강하지만 한계를 늘 생각합니다. 경청하는 사람들을 존중하고 그들의 말을 그 자신이 경청합니다. 그런 홍승수 교수님의 태도가 이 책 속에 고스란히 녹아 있습니다.

이 책에서 다 말하지 못한 예전의 그의 모습을 만날 수 있도록 제 마음속의 추억의 흑백 사진 중 몇 컷을 내놓으려고 합니다. 이 책에 대한 일종의 주석 같은 것이라고나 할까요. 홍승수 교수님은 주석을 싫어하십니다. 저도 주석 없이 본문에서 모든 이야기를 녹여서 써야 한다고 늘 생각하고 있습니다. 그래서 주석이란 말을 쓰기가 좀 그렇습니다만 뭐 달리 쓸 단어가 떠오르질 않습니다. 그냥 홍 교수님과 제가 만났던 과거의 어느 교차로에서의 단상이라고 해 둡니다.

제가 석사 과정 대학원생일 때의 일입니다. 안타까운 과거지사지만 홍승수 교수님이 계시던 서울대학교 천문학과와 제가 다니고 있던 연세대학교 천문기상학과는 전쟁 중이었습니다. 어른들이 잘못해서 생긴 일이었지요. 학회도 둘로 쪼개졌고 교류의 길도 완전히 막혔습니다. 몇 년째 그런 상황이 벌어지고 있었습니다. 몇몇 뜻 있는 대학원생들끼리 교수들 몰래 모임을 하고 있기는 했었습니다. 목숨까지는 아니어도 학교에서 쫓겨날 각오는 하고 그런 짓을 했습니다. 그런 엄한 시절에 홍승수 교수님이 연세대 천문기상학과 대학원에 자신의 과목을 개설했습니다. 동시에 제 석사 논문 지도 교수는 서울대 천문학과 대학원에 수업을 개설했습니다. 소장 학자였던 두 교수님의 반란이었을 것입니다.

홍승수 교수님의 수업은 토요일 오후에 3시간 연강으로 이루어졌습니다. 저는 그때 홍 교수님의 천문학에 대한 열정에 매혹되었습니다. 강의 시간에 보여 준 집요함에 압도되었습니다. 제 지도 교수가 개설한 수업의 조교를 맡아서 서울대 천문학과를 드나들면서 홍승수 교수님을 사적으로도 자주 만나게 되었습니다. 그때는 열정이 넘치고 집요하고 철저한 천문학자로만 알았습니다. 이 책에서 제자들의 증언이 말해 주듯 그렇게 무서운 사람인 줄은 꿈에도 몰랐습니다! 일상을 같이하는 같은 학교 제자도 아니었으니 일정한 거리를 두고 홍 교수님을 만나고 교류할 수 있었습니다. 그래서 피눈물 나는 추억 대신 멋지고 좋은 기억만 있는지도 모릅니다.

어쨌든 그 사건은 한 학기짜리 시도로 끝났지만 그 덕분에 저는 용기를 내서 (물론 두 교수님의 응원을 받으면서) 몇 년 만에 연세대 쪽 사람으로는 처음으로 다시 한국천문학회에서 논문을 발표하는 영광을 얻게 되었습니다. 학회가 끝나고 학교로 돌아와서는 물론 온갖 고초를 겪었습니다. 그 후 시간이 좀 지난 뒤 두 학교의 관계는 차차 정상화되기 시작했습니다. 홍승수 교수님은 말하자면 '송곳' 같은 사람이었습니다. 이 책에도 그의 그런 면모가 잘 드러나고 있습니다.

홍승수 교수님은 천문올림피아드에도 열정을 쏟으셨습니다. 언젠가 태국 치앙마이에서 열렸던 국제천문올림피아드에 홍 교수님과 함께 학생들을 이끌고 참가한 적이 있습니다. 홍 교수님은 단장, 저는 부단장을 맡았습니다. 호텔 방을 홍 교수님과 함께 열흘 정도 같이 써야 했습니다. 새벽에 일찍 일어나서 새벽 기도로 하루를 여는 교수님과 달리 저는 아침밥도 거른 채 일과 시간 시작 직전까지 잠을 자는 스타일이었습니다. 같이 방을 쓰다 보면 아무래도 아랫사람인 제가 홍 교수님의 스타일이나 취향에 맞춰서 생활해야 할 일이 많을 것 같았습니다. 그런데 자신이 없었습니다. 잠에서 깨어나는 시간부터 말입니다. 그래서 홍 교수님께 솔직하게 말씀드리고 그냥 제멋대로 생활을 했습니다. 홍 교수님은 좀 불편하셨을 텐데도 흔쾌히 받아들이셨습니다. 그 열흘 동안 우리는 정말 많은 이야기를 나누었습니다. 천문학 이야기는 물론이고 네덜란드와 태국 이야기부터 한국의 정치 상황에 대한 이야기까지 말입니다. 문학과 역사 이야기를 나눌 때는 정말 즐거웠습니다. 홍 교수님의 학창 시절 이야기며 유학 시절 에피소드도 들을 수 있었습니다. 종교 이야기를 할 때는 평행선을 그었습니다. 홍 교수님과 제 의견이 워낙 달랐기 때문입니다. 한 사람이 신앙인으로 산다는 것이 어떤 것인지 그때 처음으로 짐작을 할 수 있었습니다.

치앙마이에서의 열흘 동안 홍 교수님으로부터 세상 사람을 대하는 태도에 대해서 많이 배웠습니다. 진심으로 다른 사람을 존중하는 자세가 무엇인지 체험할 수 있었던 소중한 시간이었습니다. 그때 문득 적당한 거리를 두고 교류하던 이 사람의 일상으로 한없이 들어가고 싶다는 욕망을 느꼈던 기억이 납니다. 이 책에서 홍승수 교수님은 우리를 자신의 세계로 끌어들이는 마법을 보여 주고 있습니다.

이 책은 말하자면 '홍승수'의 거의 모든 것의 역사의 요약판 같은 책입니다. 이제 막 시작한 홍승수 교수님의 빅 히스토리의 첫 장과 같은 책입니다. 이 책은 끝이 아니라 시작입니다. 『코스모스』와 함께 임계 국면을 넘어섰던 홍승수 교수님의 자전적 스토리텔링입니다. 속일 수 없는 그의 진솔함이 넘쳐흐르는 책입니다. 그를 그리워하게 만들 책입니다. 홍승수의 '코스모스'를 만날 수 있는 책입니다. 그런 그를 만나러 이 책 속으로 들어갑시다.

우주의 모든 존재에 대한 존중과 사랑

원종우(과학과사람들 대표)

내가 홍승수 교수님을 알게 된 것은 그리 오래되지 않았다. 그의 이름을 처음 접한 것으로 따지면야 사이언스북스에서 『코스모스』 완역본이 출간된 2004년경이니 십수 년이 넘는다. 초등학교 때부터 끼고 살았던 『코스모스』의 새로운 번역자라는 점에서 관심이 가긴 했지만, 아무리 관대하게 봐 줘도 이런 수준을 두고 누군가를 '안다.'라고 말하긴 어려울 것이다.

이후 세월이 지나고 나름 삶의 여러 고비를 거쳐 오면서 나는 과학계에 발을 깊이 들여놓게 되었다. 여러 우연과 필연이 겹친 결과로 철학과를 다니고 기타를 연주했던 내가 과학을 대중에게 알리는 일을 하며 살고 있다. 솔직히 말하자면 아직도 실감이 나지 않아서 스스로를 '과학 커뮤니케이터'라기보다는 '과학 브로커'라고 낮춰 말하고 싶고, 때로 전문적인 과학자로 오인되는 상황이 벌어지면 불편하고 송구할 때도 없지 않다.

여기까지 오는 과정에서, 역시 우연인지 필연인지 나는 서울대학교 천문학과 89학번 몇몇과 무척 가까운 사이가 되었다. 학번이 같고 성격도 맞고 지향하는 바도 비슷했기 때문이다. 이 책에도 등장하는 K 박사와 박 사장, 그리고 윤성철 서울대학교 물리천문학부 교수가 바로 서울대 천문학과 89학번이다. 이들과 몇 년을 지내다 보니 그들의 은사인 홍승수 교수님의 이름을 접할 기회가 심심찮게 있었다. 대표적인 호랑이 선생님, 깐깐함의 대명사, 융통성이라고는 없는 학자. 그들의 회고 속에서 드러나는 홍승수 교수님은 술과 자유를 원하던 그 시절 대학생들의 학교 생활을 힘들고 부담스럽게 만든 존재 그 자체였다. 그런데 흥미로운 점은, 그렇게 욕 아닌 욕을 늘어놓으면서도 그들의 얼굴에는 미소가 피어났다는 것이다. 미움이나 불쾌함은 전혀 찾아볼 수 없었다.

그러면서 조금씩 그에 대해 알게 되었다. 그중 가장 인상적인 것은 대학 교수의 권위가 하늘을 찌르던 1980년대, 아니 그 이전부터 홍승수 교수님은 서류 복사 등 잔심부름을 결코 남에게 맡긴 적이 없었다는 점이다. 우리나라 천문학계의 큰 어른인 홍 교수님이 솔선수범했기에 서울대 천문학과에는 교수가 직접 이런 일들을 하는 것이 당연하게 굳어져 지금까지 내려오고 있다는 사실. 이 일화 하나만으로도 그저 어렵기만 한 선생님이 아니라 철저한 원칙을 세우고 그 속에서 살아온 분이라는 점을 엿볼 수 있었다.

나아가, 팟캐스트 '과학하고 앉아 있네'를 만들고 진행하는 내게 언젠가부터 그 89학번 제자들이 강권하기 시작했다. 홍승수 교수님을 꼭 모셔야 한다고. 심지어 그분이 출연하는 것만으로도 우리 팟캐스트의 격이 높아질 것이라는 말까지 들었다. 아니 무섭고 싫은 선생님이라더니 왜들 이러지. 그러다가 깨달았다. 아, 그런 거구나. 이 선생님은 두려움의 대상이 아니라 너무 큰 존경의 대상인 거구나. 그래서 직접 겪지 않은 내가 주워들은 말들로는 그 차이를 구별하지 못했던 것이다.

하지만 주저했다. '과학하고 앉아 있네' 시리즈에는 원로라고 할 만한 과학자가 출연한 적이 거의 없었기 때문이다. 나와 비슷한, 기껏해야 위아래로 10년 정도, 다시 말해 내가 상대하기 편한 연배의 게스트만 주로 모셔 왔다. 여러 가지 이유가 있었지만 혹시라도 권위적이거나 위압적인 분위기가 되거나 내가 농담을 걸지 못해 우리 특유의 유머를 발휘할 수 없게 되는 것을 우려해서였다. 하지만 홍승수 교수님이 그렇게 무섭고 어렵다던 제자들은 되레 걱정하지 말라며 아무 말이나 해도 된다고 했다. 게다가 2016년은 바로 『코스모스』의 저자인 칼 세이건의 20주기이기도 해서 명분도 확실했다. 이쯤 되면 모시지 못할 이유가 없었다.

이제 와서 결과적으로 이야기하면, 홍승수 교수님을 모신 것은 우리 팟캐스트의 정점이라고 해도 과언이 아니다. 『코스모스』의 번역자이자 우리나라 천문학의 산 증인인 홍 교수님의 말씀을 듣기 위해 벙커1에는 그야말로 입추의 여지없이 청중이 모여들었다. 지금까지 많은 행사를 해 왔지만 설 자리조차 없어 2층 공간과 계단, 문밖에까지 사람들이 늘어선 경우는 처음이었다. 그리고 교수님은 그 광경을 "대한민국의 미래를 밝히는 기적"이라고 표현하며 말씀을 시작했다. 나 자신도 평소와 달리 뒤로 물러나 객관적인 입장에서 강연을 들었다.

그러면서 알 수 있었다. 어째서 이분을 모시면 우리 팟캐스트의 격이 높아질 거라고들 했는지. 평생을 천문학에 헌신하고 제자들을 양성했을 뿐만 아니라, 『코스모스』라는 명저를 번역하며 과학과 세상과 인간에 대해 성찰하고 그것을 청중들과 깊고도 실감나게 나누고자 하는 끝 모를 열정을 보여 주셨다. 그간 수십 번의 공개 강연을 진행해 왔지만 그저 차원이 달랐다고 말할 수밖에 없었다. 그곳에 모인 많은 사람들 모두가 홍승수 교수님의 삶과 생각을 들으며 함께 울고 웃고, 또 감탄하고 숙연해졌다. 그가 천문학을 통해서 얻은 것이 단순히 우주에 대한 지식을 넘어 모든 존재하는 것에 대한, 또 살아가고 죽어 가는 것에 대한 존중과 사랑이라는 점을 우리 모두 느낄 수 있었기 때문이다.

그렇기에 그날 현장에 있었던 모든 사람들은 정말 운이 좋았다고 말할 수밖에 없다. 이런 분과 함께 자리가 터질 듯이 모여 과학과 삶을 이야기하는 것은 쉬이 할 수 있는 경험이 아니기 때문이다. 그날 나를 포함해 그 자리에 있었던 모두가 그가 나누어 준 선물을 잔뜩 안고 돌아갔다. 어떤 이에게는 무거운 숙제가, 또 어떤 이에게는 따뜻한 감성이 되었겠지만 모두에게 평생의 기억으로 남을 정도로 값진 경험이었다는 점에서는 한결같았다.

그래서 그날의 충만함이 이렇게 현장감 있는 형식의 책으로 묶여 훨씬 많은 이들에게 전해질 수 있게 된 것은, 부족하나마 그 자리를 진행했던 사람으로서 또 다른 영광이자 보람이다. 부디 이 책이 많이 읽혀서 교수님의 학식과 철학은 물론, 우리나라에도 이런 학자이자 스승이자 어른인 분이 있다는 사실이 많이 알려졌으면 싶다. 그 자체로서 우리 사회의 새로운 희망이 될 것이다.

다시 한번 홍승수 교수님께 감사의 말씀을 전하고 싶다.

교수님, 최고였어요!

천문학은 인간을 해방시키는 인간학!

윤성철(서울대학교 물리천문학부 교수)

1994년 어느 날, 서울대학교 문화관에서 열린 행사에서 홍승수 선생님은 외계 행성에 관한 이야기를 하셨다. 과학자가 대중 앞에 나서는 모습이 낯설던 시절이다. 새롭게 탄생하는 별, 그 주변을 둘러싸고 있는 강착 원반, 강착 원반의 먼지들이 뭉치면서 지구형 행성이 되는 이야기. 그중에서도 결론부에서 스치듯이 언급된 내용 하나가 특별나게 기억난다. 천문학에서 행성과 생명의 기원을 탐구하는 일은 인류 평화에도 기여할 수 있다는 말이었다. 맙소사!

학생이었던 내게 과학은 그저 일련의 수식이었다. 학문의 동기를 문제 풀이에서 오는 성취감과 천문학이라는 분야가 주는 겉멋에서 찾았을 뿐이다. 인류 평화, 그런 건 천문학자가 고민할 주제가 아니었다. 선생님의 논리에 동의할 수는 있어도 가슴으로 공명하기는 어려웠다.

2016년 5월, 서울 충무로 벙커1에서 있었던 "나의 코스모스" 강연은 무려 20여 년 만에 다시 듣게 된 선생님의 대중 강연이다. 『코스모스』 번역 이후 선생님은 대중 앞에 나서기를 주저하지 않으셨다지만, 나는 그동안 적지 않은 시간을 외국에서 보내느라 기회를 잡기 어려웠다.

20년은 긴 세월이다. 학생 시절에 공부했던 교과서를 들추어 보면 고대 신화를 읽는 듯한 느낌이 들 정도다. 우주 배경 복사의 온도 요동, 암흑 에너지와 우주의 가속 팽창, 블랙홀 병합 순간에 방출된 중력파 등 학계를 뒤집어 놓은 노벨상급 연구 결과들은 당시에 존재하지도 않았다. 천문학은 그만큼 숨 가쁘게 발전했다. 급격하게 발전하는 관측 기술 덕에 우주를 탐색하는 창은 기하 급수적으로 넓어졌고 폭풍처럼 쏟아져 나오는 데이터에는 어떤 보물들이 더 숨겨져 있을지 슈퍼 컴퓨터와 인공 지능을 동원해도 아직 다 가늠하기 어렵다.

학부생 시절에는 전무했던 외계 행성의 발견도 최근의 광범위한 탐사에 힘입어 2016년 현재 3,000여 개로 늘어났다. 그중에서도 지구처럼 물이 액체 상태로 존재할 수 있는 '생명 거주 가능 영역(habitable zone)'에 존재하는 행성은 300개에 달한다. 이 표본을 토대로 생명 거주 가능 영역에 있는 행성의 수를 추정하면 우리 은하만 따져도 수백억 개에 이른다. 전 우주에 존재하는 은하가 약 2조 개이니 생명을 기대할 수 있는 행성의 수는 우리 우주에 100해(10^{22}) 개가 넘는다는 뜻이다. 생명의 탄생은 기적과도 같은 일이다. 하지만, 우주의 광대함은 그런 기적을 그저 평범한 필연으로 바꾸어 놓기에 충분하다. 21세기 천문학은 생명과 문명이 지구에서만 독특하게 발생한 기적적인 우연이 아니라 우주적인 필연일 가능성을 강하게 암시한다.

과학자로서 칼 세이건의 위대함은, 이런 천문학적인 성취가 이루어지기 한참 전인 1970년대에 이미 외계 생명의 가능성을 매우 진지하게 과학적으로 접근했다는 데에 있다. 그는 21세기 천문학의 흐름을 수십 년 전에 미리 파악하고 준비한 개척자였다. 그의 역할은 천문학에 머물지 않는다. 『코스모스』 번역은 홍승수 선생님이 칼 세이건을 재평가하는 계기였다고 한다. 단순히 탁월한 과학자나 대중을 위한 과학 커뮤니케이터가 아니었다는 뜻이다. 그는 천문학적 지식을 바탕으로 인류의 미래까지 고민하던 지성인이었다.

"이 책이 일관적으로 겨냥하고 있는 것은 '인류 문명의 바람직한 미래상'입니다. 칼 세이건은 그걸 1980년에 고민했던 것입니다. 많은 분들이 오해하고 계실지 모르겠는데 『코스모스』는 천문학 지식을 대중에게 전달하기 위해 집필한 책이 아니었어요. …… 결론적으로 『코스모스』는 지구 문명의 어둠에 비춰 줄 빛을 외계 문명에서 찾아보자고 설득하기 위해 쓴 책이었던 것입니다."

그 존재조차 불분명한 외계 문명에서 인류의 미래를 찾는 것이 도대체 어떤 의미가 있단 말인가? 물론 외계 문명과의 접촉이 실제로 이루어진다면 의심의 여지없이 인류사적인 전환점이 될 것이다. 하지만 가까운 장래에 그런 일을 기대하기 어렵다 하더라도, 외계 문명을 과학적으로 진지하게 고찰하는 과정 그 자체는 역사에 커다란 정신적 유산으로 남을 것이다. 신은 설사 존재하지 않을지라도 신에 관한 탐구가 인류사에 긍정적이든 부정적이든 큰 영향을 끼쳐 왔듯이 말이다. 신학이 결국은 인간학이듯, 외계 문명을 찾는 노력은 우리 자신이 누구인지를 알고자 떠나는 여정이다. 홍승수 선생님이 최근 모든 강연에서 강조하시는 "사실에서 진실 찾기"라는 표현을 빌린다면, 『코스모스』는 결국 천문학적 사실에서 인류 문명이 지향할 가치라는 진실을 찾고자 하는 노력의 산물이다.

명쾌하게 칼 세이건의 『코스모스』를 해설하는 선생님의 『나의 코스모스』에는 또 다른 감동적인 진실이 담겨 있다. 바로 홍승수 선생님 자신의 성장 이야기다. 한국은 일제의 강압과 남북 전쟁을 겪는 불행한 현대사를 거쳐 왔다. 아이러니하게도 한국의 대학에서 천문학 교육이 도입된 이유 역시 북한과의 경쟁을 정부에서 염두에 두었기 때문이다.

"이런 참담한 세상에서도 하늘에는 달이 떴고, 홍승수는 하늘을 향한 꿈을 키울 수 있었습니다. 무엇 덕분인가 하면, 그 시절 그 도서관에 화성에 관한 이야기가 실린 책이 있었기 때문입니다."

휴전 회담이 한창 진행 중이던 1953년, 선생님은 전쟁의 폐허 속에서 한 권의 천문학 교양서를 발견하고 꿈을 키웠다. 그 미약했던 한줄기 빛은 60여 년이 지난 오늘 큰 지성의 빛이 되어 2016년 여전히 일그러져 있는 한국 사회를 비추고 있다. 어른이 부재한 사회에서 치열한 삶과 끊임없는 배움을 통해 젊은 후학에게 모범이 되어 주신 선생님께 진심으로 감사드린다. 독자들은 『나의 코스모스』에서 아팠던 과거를 극복하고 미래를 꿈꿀 수 있는 용기를 얻으리라 믿는다.

"여기에 모인 여러분은 경계를 뛰어넘는 지적 용기의 소유자입니다. 시대의 흐름을 똑바로 알고, 흐름에 앞서 달려가는 분들이 바로 여러분입니다. 행성 지구의 먼 미래가 비록 어둡다고 하더라도 한국의 가까운 장래가 밝은 건 여기에 계신 지성인 여러분이 있기 때문입니다."

엊그제가 종강이었다. 『코스모스』를 주 교재로 삼은 교양 과목의 마지막 수업을 위해 초겨울 공기를 들이마시며 내딛는 발에는 아쉬움이 밟힌다. 아무래도 그 말은 좀 불필요했어. 상대성 이론 설명할 때 든 예시는 오히려 학생들을 혼란스럽게 한 듯. 이렇게 한 학기를 복기하면서 강의실에 도착하면, 초롱초롱한 눈빛으로 맞아 주던 학생들과 헤어져야 한다는 생각에 또 아쉽다.

이제 한 학기 강의를 마무리지어야 한다. "천문학의 발전은 여러 가지 편견과 억압에서 인간을 해방하는 데 일조해 왔습니다." 이 말을 듣고 학생들은 20여 년 전의 나처럼 속으로 '맙소사!'를 외쳤을까. 그래도 상관없다. 도대체 무슨 생각으로 그런 순진한 주장을 하는지 한 번이라도 고민해 주기를 바랄 뿐이다.

코스모스를 향한 한길

이강환(서대문자연사박물관 관장)

그분은 무서운 선생님이셨습니다. 아니, 그건 어쩌면 정확한 표현이 아닐 수도 있습니다. 하지만 학생 입장에서는 맞는 표현일 것입니다. 학생에게는, 너무 엄격한 선생님은 대체로 무서운 선생님이니까요.

엄격함의 기준은 아주 간단했습니다. 공부를 해야 한다는 것이었습니다. 이 기준은 어떤 경우에도 예외가 없었습니다. 1980년대와 1990년대, 대학생이 공부만 하기에는 너무 어려운 시절이었습니다. 하지만 선생님은 단호하셨습니다. 아무리 정의를 외치고 진실을 말한다 하더라도 공부를 하지 않으면 학점을 주지 않으셨습니다.

그렇다 보니 미움도 많이 받으셨습니다. 하지만 미움이 비난으로 이어지지는 않았습니다. 그 기준 외의 다른 기준은 없었기 때문입니다. 공부를 열심히 하라는 것 외에는 어떤 요구도 없었습니다. 필요한 논문은 자료실에서 찾아 복사를 해서 읽어야 했던 시절에 학과에서 가장 연장자이면서도 복사는 반드시 직접 하시는 분이었습니다.

답답해 보일 정도의 엄격함은 물론 선생님의 원래 성격이겠지만, 선생님은 천문학이라는 생소한 학문을 기초 과학 토양이 너무나 척박한 우리나라에 뿌리내려야 한다는 사명감 때문이었다고 말씀하십니다. 한 명이라도 더 제대로 된 천문학자를 키워 내서 좋은 연구를 할 수 있게 하려면 악독해질 수밖에 없었다고 말입니다.

그 말씀이 이제 와서 하는 일종의 변명처럼 들리지 않는 이유는, 우리는 이미 그 사실을 알고 있었기 때문일 것입니다. 개인적인 사심이 없는 진정성은 굳이 말로 하지 않아도 전달되기 때문입니다. 그리고 시간이 지날수록 선생님의 그 고집은 틀리지 않았다는 것을 깨닫게 됩니다. 현재 우리나라의 천문학 수준은 세계적인 수준에서 절대 떨어지지 않기 때문입니다.

선생님은 은퇴 후에 국립고흥청소년우주체험센터의 원장으로 가셨습니다. 얼마 지나지 않아 센터의 전문직 직원이 아닌 일반 직원들까지 미적분을 공부하고 있다는 소문이 들려왔습니다. 청소년들에게 과학을 설명하려면 깊이 이해를 하고 있어야 하는데, 그러기 위해서는 미적분을 알아야 한다는 이유였습니다. 직원 분들에겐 미안하지만 우리는 웃을 수밖에 없었습니다. 그렇지, 그분이 어떤 분인데…….

첫 임기를 마치고 두 번째 임기까지 맡게 되었을 때 노조에서 연임을 반대하는 대자보를 올렸습니다. 직원들에게 교육을 너무 많이 시킨다는 것이 이유였습니다. 노조에서 기관장의 연임을 반대하려면 적어도 무슨 비리나, 아니면 최소한 부당한 지시 같은 사례라도 제시를 해야 했을 텐데 그런 게 있을 리 없었죠. 답답했을 겁니다. 그 심정 충분히 이해가 갑니다.

선생님이 『코스모스』를 번역하셨다는 소식은 조금 과장해서 말하면 약간 충격이었습니다. 제가 아는 선생님은 천문학을 전문적으로 연구하는 것이 아닌 그 외의 천문학과 관련된 활동에 그렇게 호의적인 분이 아니었습니다. 선생님도 직접 그런 말씀을 하셨으니까 제 기억이 틀린 것은 아니었습니다.

어쩌다 그 일을 하게 되셨는지에 대한 사연도 재미있지만, 저에게 더 중요한 사실은 그동안 한 번도 제대로 읽지 않았던 『코스모스』를 완독할 수 있게 되었다는 것입니다. 번역에 대한 믿음 덕분이었습니다.

몇 년 전, 선생님께 천체 투영관에서 진행되는 돔 영화제 심사를 부탁드린 적이 있었습니다. 사흘에 걸쳐서 총 26편의 영화가 상영되었고, 각 영화의 길이는 30분에서 50분에 이르기 때문에 모든 영화를 다 보고 심사하는 것은 사실상 불가능한 일이었습니다. 그래서 사전 검토에서 좋은 평가를 얻은 10편 정도를 골라 드리며 그 영화들을 중심으로 평가해 달라고 부탁을 드렸습니다.

그런데 선생님은 26편의 영화를 1편도 빠뜨리지 않고 모두 보신 다음 각 영화에 대한 감상평까지 세세하게 리포트로 만들어 제출하셨습니다. 영화제를 함께 준비한 사람들과 그 리포트를 보며 고개를 절레절레 흔들 수밖에 없었습니다.

『코스모스』는 천문학뿐만 아니라 생물학, 화학, 고생물학, 그리고 동서양의 고대 문화와 같은 다양한 분야의 내용을 포괄하고 있는 책입니다. 그런 내용을 완벽하게 이해하지 못하고 번역하실 분이 아닙니다. 관련 분야를 전공한 주변 사람들을 많이 괴롭히셨을 겁니다. 『코스모스』가 몇 개 국어로 번역되었는지는 모르지만 한국어 번역만큼 훌륭한 번역은 없을 것이라고 확신합니다.

아마도 『코스모스』를 번역하시면서, 그리고 국립고흥청소년우주체험센터 원장을 지내시면서 대중에게 천문학을 알리는 일에 대한 관점이 많이 바뀐 것 같습니다. 너무나 다행스러운 일입니다. 학교 내에서 소문이 자자했던 선생님의 명강연은 수업을 수강한 사람들만 듣기에는 너무나 아까운 강연이기 때문입니다.

선생님을 반드시 많은 청중들 앞에 세우고 싶었습니다. 그리고 그 결과는……. 선생님의 『코스모스』 강연을 들으면서 저는 이 강연을 듣는 사람들에게 앞으로 제가 하는 강연이 얼마나 가볍게 보일까라는 걱정뿐이었습니다. 저도 나름 대중들 앞에서 천문학 강연을 수년간 해 온 사람인데, 내용의 깊이나 스토리텔링뿐만 아니라 심지어 유머까지 밀린다는 느낌을 받고는 참담한 마음이 들 정도였습니다.

과학을 이야기하면서, 그것도 다른 사람이 쓴 책을 이야기하면서 자신의 이야기를 거부감 없이 할 수 있는 사람은 많지 않습니다. 쉽게 따라 해서도 안 됩니다. 많은 경험과 지식, 그리고 그것을 종합적으로 볼 수 있는 통찰력을 갖춘 사람만이 시도해야 하는 일입니다. 저는 적어도 제가 아직은 그런 시도를 할 때가 아니라는 사실은 잘 알고 있습니다.

선생님의 강연을 듣고 『코스모스』를 다시 한번 읽었습니다. 기대했던 대로 전에 읽었을 때는 알아채지 못한 많은 새로운 통찰을 얻을 수 있었습니다. 뭔가를 '배운다는' 느낌을 모처럼 옛 은사를 통해서 얻을 수 있었던 기회였습니다.

저는 개인적으로 강연을 엮어서 만든 책을 별로 좋아하지 않습니다. 강연은 현장의 분위기라는 것이 있기 때문에 책으로 바꾸었을 때 그 내용이 충분히 전달되지 못하는 경우가 많기 때문입니다. 하지만 잘 짜인 스토리와 완벽한 문장으로 이루어지는 밀도 있는 강연은 책으로 엮었을 때 그 내용이 오히려 더 풍부하게 전달될 수 있다는 사실을 알게 되었습니다.

어쩌면 은사이자 학계 원로인 분에 대한 조금은 과장된 찬사로 여겨질지도 모르겠습니다. 하지만 선생님은 그런 찬사를 좋아하지 않는 분이기 때문에 제가 굳이 과장을 해서 손해를 볼 이유가 없습니다. 더구나 제가 선생님께 지금 와서 듣기 좋은 말씀을 해 드릴 이유는 전혀 없습니다. 선생님께 '기적과도 같은 대단한 충격'을 받을 수 있는 강연 기회를 드렸기 때문에 오히려 선생님이 저에게 신세를 지셨다고 주장합니다. 선생님이 인정하실지 모르겠지만 (당연히 인정하실 거라고 믿지만) 이 책이 나오는 데 제가 조금이나마 기여했다는 사실을 오래오래 자랑스럽게 여길 것입니다.

저자에 대하여

1944년 서울에서 태어났으며, 1967년 서울대학교 천문기상학과를 졸업하고 1972년 같은 대학교 대학원에서 석사 과정을 수료한 후 미국으로 건너가 1975년 뉴욕 주립 대학교 대학원에서 박사 학위를 받았다. 영국 케임브리지 대학교 천문학 연구소, 네덜란드 하위헌스 연구소 등지에서 연구하다가 1978년에 서울대학교 교수로 임용돼 31년간 재직하고 2009년 정년 퇴임했다.

미국 플로리다 대학교에서 연구 교수를, 하버드-스미스소니언 천체 물리학 센터에서 방문 교수를, 일본 우주 항공 연구 개발 기구(JAXA)에서 초빙 교수를 지냈으며, 한국천문학회 회장, 소남천문학사연구소 소장, 한국천문올림피아드위원회 위원장, 국립고흥청소년우주체험센터 원장을 역임했다.

1992년 과학기술처 장관으로부터 우수 과학 도서 번역상을, 2004년 서울대학교로부터 '올해의 교육상' 대상을, 2007년 한국천문학회로부터 소남 학술상을, 2009년 한국천문학회로부터 공로상을 수상했으며, 국내외 학술지와 학술회의 프로시딩 등에 연구 논문 78편을 발표했다.

저서로 *A Practical Approach to Astrophysics*(1984년), 『과학과 신앙』(공저, 1993년), 『21세기와 자연 과학』(공저, 1994년), 『우주 개발의 오늘과 내일』(공저, 1994년), 『수치 천체 물리학 I』(공저, 1995년), 『은하계의 형성과 화학적 진화』(공저, 1996년), 『성간 매질에서의 물리 현상』(공저, 1997년), 『감히, 아름다움』(공저, 2011년)이 있다.

번역서로는 『天文學綱要(*Outline of Astronomy I & II*)』(공역, 1982년), 『대폭발(*The Big Bang*)』(1991년), 『기본 천문학(*Fundamental Astronomy*)』(공역, 1993, 2008년), 『천문학 및 천체 물리학 서론(*Introductory Astronomy and Astrophysics*)』(공역, 1997년), 『코스모스(*Cosmos*)』(2004년), 『우주(*Universe*)』(공역, 2009년), 『지구 바깥세상 우주에는(*Out of This World*)』(2013년)이 있다.

현재 서울대학교 명예 교수로서 과학 대중화, 교육 혁신, 삶의 문제 등을 주제로 많은 강연을 하며 저술과 번역도 계속하고 있다.

나의 코스모스

1판 1쇄 펴냄 2017년 2월 28일
1판 2쇄 펴냄 2024년 10월 31일

지은이 홍승수
펴낸이 박상준
펴낸곳 (주)사이언스북스

출판등록 1997. 3. 24.(제16-1444호)
(06027) 서울시 강남구 도산대로1길 62
대표전화 515-2000, 팩시밀리 515-2007
편집부 517-4263, 팩시밀리 514-2329
www.sciencebooks.co.kr

ISBN 978-89-8371-816-7 03440